编 委 会

主　　编：吕美萍　　章祖民

副 主 编（排名不分先后）：

吕春丽	梁锦芳	蔡　瑜	吴玉梅	吴莲莲
俞亚明	袁海艳	郭晓敏	章凯雯	杨海英
张　帆	袁　月	胡　双	白家赫	王志宇
俞质良	来华杰	田海丹	周静怡	陈忠梅
杨琼琼	俞丽红	盛伟永	盛毅永	周生德
倪东衍	杨　越			

其他编者：何赛峰　　钱成江　　吕奇慧　　袁益平　　王　萍
　　　　　许媛媛　　孙丽芬　　丁梦玲　　张伟富　　吕慧艳
　　　　　张琪律　　贾妃英　　余　燕　　王伟均

编写顾问：胡旭东　　宋美娥　　卢　路　　徐跃龙　　周竹定
　　　　　王国夫

主编简介

吕美萍，1976年8月出生，中共党员，现任浙江开放大学新昌学院院长，新昌县教师进修学校党支部书记、校长，新昌县青少年儿童心理成长与发展中心主任，高级教师、副研究员、副教授，国家一级茶艺师高级技师、国家一级评茶员高级技师、国家二级心理咨询师、二级救护培训师。浙江省广播电视大学体系"吕美萍茶文化传承名师工作室"负责人，新昌县"吕美萍茶艺师技能大师工作室"负责人，浙江省成人教育品牌、浙江省社区教育优秀工作品牌、浙江省非学历教育品牌"大佛茶艺"项目负责人。

长期从事成人教育和老年教育工作。多篇论文在省级及以上刊物发表，主编《新昌小吃》《天姥乡味》《天姥茶人》《茶艺基础知识》，副主编《少儿茶艺考级教材4～7》《少儿茶艺考级教材8～10》《高校思想政治教育教学研究》等，主讲的"传统思想文化——天姥茶韵"系列微课为教育部社区教育品牌课程，主讲的"中国茶的精神世界"系列微课为浙江省教育厅老年教育领雁金课，

天姥茶艺

吕美萍　章祖民　主编

乡村振兴之乡村人才培育教材

中国农业科学技术出版社

图书在版编目（CIP）数据

天姥茶艺 / 吕美萍，章祖民主编 . -- 北京 : 中国农业科学技术出版社，2024. 12. -- ISBN 978-7-5116-7203-2

Ⅰ．TS971.21

中国国家版本馆 CIP 数据核字第 2024NQ9367 号

责任编辑　马维玲
责任校对　李向荣
责任印制　姜义伟　王思文

出　版　者	中国农业科学技术出版社
	北京市中关村南大街 12 号　　邮编：100081
电　　　话	（010）82109194（编辑室）（010）82106624（发行部）
	（010）82106624（读者服务部）
网　　　址	https://castp.caas.cn
经　销　者	各地新华书店
印　刷　者	河北尚唐印刷包装有限公司
开　　　本	170 mm × 240 mm　1/16
印　　　张	15
字　　　数	200 千字
版　　　次	2024 年 12 月第 1 版　2024 年 12 月第 1 次印刷
定　　　价	118.00 元

◆ 版权所有·侵权必究 ◆

主讲的"夕阳红天姥茶韵"系列微课为浙江省教育厅老年教育特色课程。组织开展新昌小吃、家政服务、茶艺、电商等技能培训，主讲"茶艺基础知识""茶的冲泡技艺"等课程。策划、组织、协办2018年省级、2019年省级、2019年市级、2018年县级茶艺师职业技能竞赛等赛事。

多年的培训指导服务，赢得了学员的喜爱、上级的认可和社会的赞誉，先后获得国家开放大学师德先进个人、中国中青年社区教育教学新秀、中华茶文化传播优秀工作者、浙江省百姓学习之星、浙江省电大系统先进教育工作者、绍兴市志愿服务先进个人、绍兴市成人教育先进个人、新昌县模范职工、新昌县优秀校长、新昌县先进教育工作者、新昌县优秀党员等多项荣誉称号。

主编简介

　　章祖民，1968年4月出生，1990年6月毕业于原浙江农大（现浙江大学）农经管理专业。农业技术推广研究员、高级经济师、浙江省农业系统第一位"农民培训专业"教授级专家，浙江省第一批省级乡村振兴实践指导师，浙江省科技厅专家库专家，浙江农业商贸职业学院、绍兴文理学院元培学院、宁波农民学院特聘培训指导专家，浙江大学、浙江省妇女干部学校特约授课老师，中国法学会会员。2009—2023年先后担任新昌县农业农村局人事科教科科长、新昌县农业农村信息化中心（浙江省农广校新昌县分校）主任（校长）职务。

　　长期扎根基层从事农业科技推广、乡村人才培育工作，并擅长"农村法律法规""民法典"的研究和教学以及"农业专业技术职称"评审指导工作。主编《天姥乡味》《天姥茶人》《点亮乡村·越州农创故事（第一辑）》《现代'新农人'实用法律》等乡村人才培育教材，在全国性报纸杂志发表专业论文10多篇。农民教育培训工作走在全省前列并享誉全国，新昌经验和模式屡次在全省及全国作典型交流和推介,并成功创立"金绿领"农民教育培训品牌。"精准招生,破解农民中职教育招生难题"被列为全国农民职业教育典型案例,"乡村振兴背景下,农民中职教育办学价值及教学管理方法研究"入选全国农业教育培训和农业农村人才培养研究智库课题。

多年的培育和指导服务,赢得了学员的喜爱、上级的认可和社会的赞誉,先后获得全国最美农广人先进人物、全国优秀基层农广校校长、中华农业科教基金会神内基金农技推广奖、中国技术市场协会第四届三农科技服务金桥奖个人二等奖、浙江省农技推广贡献奖、浙江省农技推广先进工作者、浙江省职业教育先进工作者等诸多荣誉;所带领的单位也曾获得绍兴市劳动模范集体、绍兴市共产党员先锋岗、新昌县经济社会发展标兵等殊荣。

序一

中国是世界茶和茶文化的故乡和发源地，深深融进伟大的中华文化和中国百姓的生活里，传承创新，惠民富民，造福世界，为人类文明进步作出巨大贡献！2019年第74届联合国大会确定每年5月21日为"国际茶日"，体现了国际社会对茶叶价值的认可和重视；2022年"中国传统制茶技艺及其相关习俗"列入联合国教科文组织人类非物质文化遗产代表作名录，2023年"普洱景迈山古茶林文化景观"成功列入世界遗产名录，等等，充分展示茶非物质文化遗产"见自己、见时代、见世界"和"见人、见物、见生活"的文化性、世界性和文明性，彰显人茶共生的生态智慧，人茶合一的共同家园，意义深远。

新昌县，古称剡中，后梁开平二年（公元908年）建县。早在魏晋南北朝时期，剡地民间种茶、制茶、饮茶、祭茶活动十分普遍，"剡茗"已闻名天下。东晋高僧支遁在剡中倡导禅茶一味，被尊称为禅茶之祖。明代文学家、史学家张岱曾入天姥山考茶，他在《夜航船》"山川"中记载："天姥山，在浙之新昌县，李太白梦游天姥，即此。近产茶，名天姥茶"，为新昌县最早的记载。

改革开放以来，新昌县委县政府坚持"政府为主导，市场为龙头，品牌为主线"

的民生发展道路，大力创建大佛龙井名优品牌，建设名茶市场，科学构建集茶苗繁育、茶园培育、茶叶加工与交易、茶机制造、包装印刷及茶文化、茶旅游、茶保鲜于一体的数字化茶产业链，形成了"茶文化、茶产业、茶科技"三茶统筹以及大佛龙井、天姥红茶、天姥云雾"一体两翼"名优名牌的发展格局，获得了"中国名茶之乡""中国十大重点产茶县""中国茶业百强茶""中国禅茶文化之乡"等美誉。当今，茶业已成为新昌县农业经济中的战略主导产业、民生产业、生态产业和惠民富民产业，新昌茶产业声名远播、前景广阔，被业界誉为中国茶业可持续发展的"新昌模式"。

中国人种茶、制茶、爱茶，就一定要懂得吃茶、喝茶、用茶、品茶、玩茶和事茶，否则还不能算是一个真正的茶人。我曾经说过，制茶、品茶要讲究"术"和"道"。比如喝茶品茶要讲求"六元和合"的协同融合，即茶相适、水相合、器相宜、境相融、泡相和、人相通，这样才能在漂泊和繁忙中更加深刻体会平和、宁静、闲适的生活是多么的宝贵，这样的茶和茶文化才是深入人心的、久远绵长的。新昌县几位有心茶人，怀着对家乡茶和中华茶文化深深的爱，专门编写《天姥茶艺》这本书，用于宣传推广新昌县"天姥茶艺"，显示出中国茶人的专注担当，是值得敬佩和赞赏的并且富有意义的大事。要知道，懂茶才能爱茶，普及茶才是真正的爱茶！我乐此为序，但愿更多的茶人为此而努力。

浙江省政协原主席
中国国际茶文化研究会名誉会长

序二

茶，作为中华民族传统文化的瑰宝，贯穿了华夏数千年的历史，在社会、经济、文化等诸多方面发挥着不可替代的作用。浙江新昌，这座承载着厚重历史文化的名城，地处"浙东唐诗之路"关键节点；天姥山巍峨耸立，因李白诗篇《梦游天姥吟留别》传颂千古而愈显雄浑壮丽。新昌于岁月沉淀中，孕育出独特而深邃的地域文化，茶产业在此蓬勃兴盛，仿若一颗璀璨明珠，照亮民众致富康庄大道，成为地域经济坚实支柱；茶文化亦在这里深深扎根，喝茶之风弥漫大街小巷，化为人们舒缓身心、畅享闲暇之优选。

在这样的背景下，数位对新昌茶文化满怀热忱的专业人士和爱好者齐心协力，编著了《天姥茶艺》一书。浙江开放大学新昌学院院长吕美萍副教授，多年来从事教学工作，具有丰富的教学经验；章祖民推广研究员，在茶叶科学技术推广领域有丰硕成果与丰富的实践经验；全国技术能手、第二届全国茶艺职业技能竞赛金奖获得者蔡瑜，茶艺技能精湛；全国技术能手、第二届全国乡村振兴职业技能竞赛茶艺项目银奖获得者吴玉梅高级农艺师，在茶艺技能创新方面成果颇丰；浙江省技术能手、第四届全国茶艺职业技能竞赛银奖获得者吴莲莲，在生活茶艺方面有独特的技艺。吕美萍、吴玉梅、蔡瑜、吴莲莲，她们又是中国农业科学院茶叶研究所和中国茶叶学会联合举办茶艺师资班的学员，经过为期一年的系统学习，具有扎实的茶叶科学、茶文化、茶艺技能及茶文化传播等理论和技能功底。她们坚守初心，专注于地域茶文化研究和传播推广事业，这份担当与使命感令我深感骄傲与欣慰。

本书全面展现了独特的新昌天姥茶文化，它是中华茶文化的重要组成部分，与中华茶文化的清、敬、和、美、真的精神核心一脉相承。其中，新昌茶加工部分，详尽阐释大佛龙井、天姥云雾、天姥红茶的制作工艺和技术参数，新昌茶冲泡技艺以《大佛龙井冲泡技术规程》《天姥红茶冲泡技术规程》团体标准为依据，采用图文并茂的呈现方式，充分呈现新昌茶的优良品质，此两大板块构成全书重点和亮点。本书无疑对新昌地域茶文化的传播广度与深度有着深远的推动作用。

《天姥茶艺》是一本带领广大读者走进新昌茶世界的指南，它能帮助茶文化爱好者深入领略茶的地域文化魅力与艺术美感，提升对新昌茶叶品鉴与审美水平；也能让普通读者在繁忙的生活中寻得一片宁静和平和，感受茶带来的身心滋养。

中国农业科学院茶叶研究所研究员
"国家级周智修技能大师工作室"领办人
中华人民共和国第一、二届职业技能大赛
茶艺项目裁判长

周智修

目 录

 文化篇

第一章　茶文化基础知识　/　003
　　第一节　中华茶文化的精神内核　/　003
　　第二节　当代茶文化的发展　/　007
　　第三节　新昌茶文化的发展　/　009

第二章　饮茶与健康　/　015
　　第一节　茶叶中主要的化学成分　/　015
　　第二节　饮茶与健康　/　019
　　第三节　科学饮茶常识　/　024

 加工审评篇

第三章　六大茶类的品质特征　/　033
　　第一节　绿茶　/　034
　　第二节　红茶　/　040
　　第三节　白茶　/　044
　　第四节　黄茶　/　046
　　第五节　青茶　/　048
　　第六节　黑茶　/　051

第四章　大佛龙井加工工艺　/　054

　　第一节　大佛龙井手工加工工艺　/　054

　　第二节　大佛龙井机械加工工艺　/　059

第五章　天姥云雾加工工艺　/　064

第六章　天姥红茶加工工艺　/　069

第七章　茶叶感官审评基础　/　075

　　第一节　茶叶感官审评的内容和方法　/　075

　　第二节　生活用茶的选购与储藏　/　097

冲泡技艺篇

第八章　修习茶艺　/　107

　　第一节　习茶礼仪　/　107

　　第二节　修习茶艺冲泡技术参数　/　120

　　第三节　绿茶冲泡　/　127

　　第四节　红茶冲泡　/　164

　　第五节　生活茶艺　/　188

第九章　主题茶艺编创　/　194

　　第一节　主题茶艺编创要素与步骤　/　194

　　第二节　主题茶艺编创案例分享　/　199

第十章　雅集茶会　/　205

　　第一节　茶会的创新设计　/　205

　　第二节　茶会创新案例分析　/　208

第十一章　茶饮的创新设计　/　212

　　第一节　茶饮创新现状与趋势　/　212

　　第二节　新式茶饮的主要类型　/　214

　　第三节　调饮茶的制作与案例分析　/　216

参考文献　/　224

文化篇

第一章
茶文化基础知识

第一节　中华茶文化的精神内核

中国是茶的故乡，是世界茶文化的发源地。茶不仅是物质的，也是精神的。在 5 000 多年的历史文明发展进程中，中国茶和茶文化作为中华优秀传统文化的载体，穿越历史，跨越国界，融入生活，和谐社会，增添情趣，促进健康，传承弘扬，创新发展，演化蝶变出万紫千红的茶天地，成为仅次于水的健康饮品。茶，不仅丰富了中国人民的物质精神生活，更成为中国联通世界的桥梁纽带，为满足中国人民日益增长的美好生活需要和促进世界茶文化的文明进步贡献着智慧力量，更为涉茶业者致富达小康、饮茶人的身心大健康和国民幸福安康作出重大贡献。

一、茶出中国

茶出中国，源远流长，在浙江发现了已知最早的人工种植茶树根，距今约 6 000 年，山东战国墓葬出土了经过煮（泡）的茶叶遗存，是最古老的饮茶实物证据，距今约 2 400 年，数千年间，种茶技术不断提升，备茶方法也几度变化历经传承与创新，茶从最初的药用、食用，发展到流行至今的大众饮品，始终在国家政治、经济和文化交流活动中扮演着重要角色。

二、茶道尚和

茶道千载，以和为尚，中国人将对人生、家国、自然、宇宙的

思考和生活实践相结合,构成茶文化的精神内核,茶与器的研究,备茶方法的选择,品茗环境的营造,无不贯穿着中国哲学"和合"思想。茶,深深融入中国人的生活,成为传承中华文化的重要载体。

(一)历代茶家的茶道思想

茶的礼、俗、艺、文,汇成中国茶的精神世界。它的核心精神,历代茶家在诗文中多有论及。

唐陆羽《茶经》提出:"精行俭德。"

裴汶《茶述》中说:(茶)"其性精清,其味浩洁,其用涤烦,其功致和。"

宋范仲淹《和章岷从事斗茶歌》有诗:"众人之浊我可清,千日之醉我可醒。"

宋徽宗《大观茶论》概述茶之功在"祛襟涤滞,致清导和"。

苏轼《和钱安道寄惠建茶》赞茶云:"森然可爱不可慢,骨清肉腻和且正。"

杨万里《谢木韫之舍人分送讲筵赐茶》云:"故人气味茶样清,故人风骨茶样明。"

明李贽《茶夹铭》云:"我老无朋,朝夕唯汝。世间清苦,谁能及子。""子不姓汤,我不姓李。总之一味,清苦到底。"

清"扬州八怪"之一的郑板桥有一首题画诗:"不风不雨正清和,翠竹亭亭好节柯。最爱晚凉佳客至,一壶新茗泡松萝。"

当代茶学家庄晚芳提出:"中国茶德:廉、美、和、敬。"

台湾茶学家吴振铎概括茶的精神为"清、敬、怡、真"。

柏林禅寺净慧长老说:"禅茶文化的精神是正、清、和、雅,这一精神决定了禅茶文化具有不同于哲学和伦理学的独特的社会化育功能。"

画家刘旦宅为颜真卿、陆羽、皎然等在湖州竹山联句创作《瀹茗联吟图》,有跋语云:"予素仰鲁公之高致,公以显秩崇封而居贫,常啜粥，有《乞米帖》，其清可知。公字清臣，字以表德。嗜茶之德清，联句亦各神清调雅，岂偶然哉！"

中国国际茶文化研究会会长周国富提出，当代茶文化核心价值是：清、敬、和、美。

中国茶文化有丰厚的历史积淀，承载了历代茶家的理想情怀，展现茶人的智慧和品格。但它不是静态的，而是具有鲜明的时代特征。就某一个历史阶段来说，既承继于前代，又融于当代并通向未来。魏晋时代，赋茶以"俭约""素业"的精神，引导社会的价值取向。唐代茶人承袭前代的"俭"，同时提出"德"与"和"的精神。宋代传承唐人"致和"的观念，提出"致清导和"之说。明清茶人多颂扬茶的清明精神。当代茶人重提茶德，崇尚以和为贵、清为德。综合古今对茶道精神的论述，"和"与"清"是为根脉。

（二）唐诗宋词中的"茶道"

"茶道"在唐宋诗词中有集中体现。整理《全唐诗》与茶相关诗作615首，《全宋词》涉茶作品305首，诗词共计920首，其中关于茶精神内涵的描述主要集中于"清""和""敬""明""正""俭""廉""美""雅""静""怡""真""精"等词语。

三、中华茶文化的精神内核

中华茶文化有丰厚的历史积淀，承载了历代茶人的理想情怀，展现茶人的智慧和品格。但它不是静态的，具有鲜明的时代特征。就某一个历史阶段来说，既承继于前代，又融于当代并通向未来。魏晋时代，茶被赋予"俭约""素业"的精神，引导社会的价值取向。唐代茶人承袭前代的"俭"，同时提出"德"与"和"的精神。宋代传承唐人"致和"的观念，提出"致清导和"之说。明清茶人多颂扬茶的"清""明""精""真"精神。当代茶人重提茶德，崇

尚以敬为礼、以和为贵、以清为德，美真康乐。

因此，纵观古今茶文化形成与发展，并结合时代需求，综合凝练出"和、敬、清、美、真"为中华茶文化的精神内核。

"和"是人与人、人与自然及人们自我身心的和谐。儒、释、道三家各自独立，自成一体，又相辅相成，但主旨在于"和"这一点上，三家却高度一致，也体现了儒、释、道三家的圆通融合。中国历代以"和"为美的思想，在茶的诗歌、绘画等各种艺术作品中得到充分的展现和阐释。"和"作为审美对象的价值，它的实现需要审美主体的交融。从主体的审美感受来说，内心的和谐引导了外界的和谐，由此产生的美感，形成主客体交融的和谐境界。

"敬"是茶之于礼的价值和人行于世的守则。敬含有诚敬、尊敬、敬畏、敬爱之情。一是人对自然、对规律的敬畏之心；二是人与人之间互相敬重、互怀敬意、相敬如宾的友好关系；三是人所应该具有的敬祖尊老的敬爱之情。

"清"来自茶的自然本性。清暗示清明、俭德、淡泊、清廉、清正、清平、清心、清静之意。一是清茶一杯，两袖清风，清正廉洁；二是淡泊、清心，持有平常心；三是俭朴、勤劳，不忘初心。

"美"是天地人在"天人合一"哲学境界上的共同升华。一是茶之美；二是品茶之美；三是茶道之美；四是人生圆融的大美之境。

"真""其精甚真，其中有信"，含有本原、本真，精行悟真、返璞归真，精诚之至、道法自然之义。一是指人的本性，事物的本原。蔡襄《茶录》云"茶有真香，而人贡者微以龙脑和膏，欲助其香。建安民间试茶，皆不入香，恐夺其真也"。蔡襄强调真茶、真香、真味。二是指"精行"求真，探究与追求本真的自然之道。陆羽倡导的"精行俭德"之"精行"思想，可以理解为精准、精益求精，"精行"后才"俭德"。《庄子·秋水》："谨守而勿失，是谓反其真。"三是指精诚之至，实事求是，待人诚恳，守信。用真水泡真茶，还要用真心、真我、真情，才能求得茶的真味。道家称悟真的人为"真人"，儒家称之为"圣人"，释家称之为"佛"。行茶动作自然得法，如"风行水上，自然成纹"。摒弃功名利禄的念头，排除得到别人赞赏的愿望，设法超越自己的身体，这就是庄子所说的"心斋"。心先斋戒，由虚至静，由静至明，心若澄明，宇宙万物皆在心中，真我呈现，真相呈现，真美也呈现。以茶修身，寻回本我。

在经历百年未有之大变局，建设中国特色社会主义的今天，我们在打造物质大国的同时，要不忘构筑精神家园，在茶的品饮中，追求精神的滋养，令更多人有所向往。

第二节　当代茶文化的发展

茶文化是中国传统文化的重要组成部分。随着社会的发展与进步，茶不但日益发挥出它的巨大经济效益，成了人们生活的必需品，而且逐渐积淀形成了灿烂夺目的茶文化，成为社会精神文明的一颗明珠。

当代茶文化的兴起始于20世纪80年代初。茶文化发展贯穿20世纪90年代，具有标志性的茶事一是茶艺馆由南而北、由沿海城市到内陆城市逐步走热，并与地域文化相融合，呈现多元化格局，丰富了城市人的生活，极大地推动了名茶产销和整个茶业经济，并带动了茶文化相关产业。二是茶艺师职业列入了《中华人民共和国职业分类大典》，茶艺师职业技能培训和考核鉴定在全国有条件的地区相继展开，并纳入规范管理，一批批新时代的"茶博士"进入茶艺馆，大大提升了茶艺馆的文化技艺品位。三是一批茶文化书籍刊物、影视片、文学作品出版发行。茶书主要有陈宗懋主编的《中国茶经》（上海文化出版社，1992），吴觉农主编

的《中国地方志茶叶历史资料选辑》(农业出版社，1990)，朱自振编的《中国茶叶历史资料续辑》(东南大学出版社，1991)，阮浩耕、沈冬梅、于良子释注校点的《中国古代茶叶全书》(浙江摄影出版社，1999)，陈彬藩主编的《中国茶文化经典》(光明日报出版社，1999)等。茶文化期刊主要有江西省社会科学院主办的《农业考古·中国茶文化专号》(1991年创刊)，中华茶人联谊会创办的《中华茶人》杂志(1992年7月创刊)，浙江省茶叶公司、浙江国际茶人之家基金会创办的《茶博览》杂志(季刊，1993年创刊)等。影视、文学方面主要有中央电视台摄制的18集大型电视系列片《话说茶文化》，王旭烽创作的长篇小说《茶人三部曲》等。四是茶文化社团的创办和茶文化节会的举办。20世纪90年代是茶文化在全国范围掀起热潮的10年。

　　进入21世纪以来，饮茶文化与茶业经济、茶学科研的结合日益紧密，并继续广泛地走向大众的生活。茶文化正朝着创意、经营的方向发展，即通过创意设计，使茶文化成为一种可以经营的、走向市场的时尚生活方式，一种消费文化。茶文化不但是一项文化事业，又是一个文化产业。一批高层次的茶艺茶文化人才得到培养并正在成长，浙江树人大学于2003年创办了"应用茶文化"专业，浙江林学院于2006年开设了茶文化本科班。2006年以来一批茶艺技师分别在各地经考核后获得资格证书。一批有相当学术价值和专业水平的大型工具书出版，2000年有三部辞书和志书：陈宗懋主编《中国茶业大辞典》(中国轻工业出版社)，徐海荣、方健主编《中国茶事大典》(华夏出版社)，王镇恒、王广智主编《中国名茶志》(中国农业出版社)。2001年12月，中国茶叶股份有限公司、中华茶人联谊会编著《中华茶叶五千年》由人民出版社出版。2002年4月，朱世英、王镇恒、詹罗九主编《茶文化大辞典》由汉语大词典出版社出版。2005年4月，阮浩耕主编《浙江省茶叶志》由浙江人民出版社出版。2007年3月，郑培凯、朱自振主编《中国历代茶书汇编校注本》由商务印书馆（香港）有限公司出版。还值得注意的是，茶文化在走向市场走向大众的同时，又从思想精神领域拓展，人们不仅在喝茶品茗中得到茶的物质享受，更着意于审美享受中得到的精神愉悦，感悟其中的茶道茗理。

第三节 新昌茶文化的发展

中国茶文化源远流长，博大精深，不但包含物质文化层面，还包含深厚的精神文明层次。新昌，古称剡中，地处中国越地茶文化发源地，其茶文化发展与中国茶文化发展同步，且处于领先地位。浙东新昌，自古以来就是产茶名区、中国茶乡，被茶界誉为"南方有嘉木，新昌有好茶"！

据文献记载和考古发掘，新昌地处中国绿茶金三角，属中国乃至世界种茶和饮茶的发源地。新昌古为剡县境，产茶历史悠久，起于魏晋，声著隋唐，兴于两宋，被列为全国榷茶县之一。六朝以来，十八高僧十八名士纷纷入剡彦会，支遁、竺潜、昙光等谈玄论禅，煮茶品茗，首开禅茶一味之风，成中国禅茶之滥觞。至晋宋隋唐，谢灵运、昙济、智𫖮、李白、杜甫、陆羽、皮日休等高僧名士、文人墨客游历剡中，追慕先贤，饮茶酬和。诗僧茶僧皎然入剡考茶，品剡茶而悟得"茶道"，首开中华茶道之源。自宋元明清，新昌地绕古迹，令世人忘归，为名人茶人所向往，与天姥茶结缘，饮茶之风逾盛，形成源远流长的茶风茶俗。

至明清，茶列新昌"茶、烟、丝、术"四大特产之首，所产珠茶被誉为"绿色珍珠"，走向国际市场。新中国成立后，新昌跻身全国15个重点产茶县行列，成为全国三大珠茶出口生产县之一，出口的"天坛牌"珠茶荣获第23届世界优质食品评选会金奖。新昌茶农利用

山地种茶,这种"因地制宜"的种茶方法是全县茶农增收的重要途径。

时至20世纪80年代,新昌传统珠茶面临国际市场竞争危机,茶农增产减收,茶叶滞销荒芜。中共新昌县委、新昌县人民政府审时度势,实施茶叶"圆"改"扁"战略,茶业柳暗花明重现生机,大佛龙井等名茶逆势而上,新昌被农业农村部(原农业部)命名为"中国名茶之乡"。

进入21世纪,新昌将名茶列为战略性主导产业来培育发展,全面实施大佛龙井品牌战略,政府为主导,市场为龙头,品牌为主线,茶叶产业持续做强,大佛龙井跻身中国茶叶区域公用品牌价值五强,被评为中华文化名茶,中国茶叶大会暨新昌大佛龙井茶文化节荣获"中国茶事样板十佳"称号,被评为"中国茶文化之乡"和"中国禅茶文化之乡",连续九年获评"全国重点产茶县",进入中国茶业百强县行列,并居中国茶业品牌影响力全国十强之首。

在中国,产茶的地方很多,产名茶的地方却很少,也很难。而新昌在改革开放的历程中,仅用20多年时间,把大佛龙井做出了名,茶园面积超过了12万亩,产业链总产值已超76亿元,获得国际金奖30多个,成为中国茶界的一匹"黑马"和可持续发展的典范,被全国茶界人士和专家、学者公认为"新昌模式"。

一、"圆"改"扁",产业转型

新昌茶产业崛起,成功的第一步是"圆"改"扁"。

新昌是浙江东部的一个山区县,有"八山半水分半田"之称,总面积不过1 200平方千米,是浙江茶叶的主产区之一,是国内出口"珠茶"的生产基地。20世纪80年代中期,传统的"珠茶"销路不畅,原来"只管种,不管卖"的茶农陷入了"卖茶难"的困境。中共新昌县委、县人民政府及时提出了调整结构"圆改扁"的战略性举措,由专业技术人员牵头,有组织、有计划安排能手,培训茶农掌握炒制龙井茶的技艺。在这些示范点制作出来的茶叶，就被国家茶叶监督检测中心评为浙江龙井茶的极品。此后，"圆"改"扁"的培训在全县36个乡镇全面铺开，先后举办培训班500多期，43万总人口中，共有5万人参加过茶叶培训班，形成了一支超过10万人的"圆"改"扁"生产、采摘、制作队伍，有18万人从事茶叶及相关产业。当全国茶产业的战略转型刚开始起步时，新昌已完成了人员培训和茶园改造的关键一步，使茶农、茶园成了为大佛龙井崛起而储备的战略性资源，为大佛龙井的发展奠定了基础。

二、突破瓶颈，创建市场

"圆"改"扁"的成功转型，让茶农品尝到了从几元钱一斤珠茶提升到上百元一斤龙井的高效益甜头。可如何将山区产的龙井茶销往大城市又成为一大瓶颈。平民百姓也能创造奇迹。1995年4月，一个由政府搭建平台，拥有360间营业房、800多个交易摊位的"浙东名茶市场"在新昌县城的104国道边应运而生。这是新昌县人民政府为解决茶农卖难困境，在全国领先建办的第一个产地茶叶市场。周边嵊州、东阳、天台等地的茶农，纷纷前来交易，各地茶商也闻讯而来，交易旺盛，至2004年年底，十年间市场交易茶叶4 700吨，总交易额达4.6亿元。

茶叶市场，为产区茶农和销区茶消费搭建了一座"绿色桥梁"。2006年"中国茶市"顺势而建，这个由浙江诚茂控股集团投资6.5亿元建设的茶业综合体，是集文化、休闲、旅游、购物等于一体的中国茶市，于2008年正式投入运营。茶市总用地面积230亩，总建筑面积246 558平方米，商铺1 478间，交易摊位800多个；拥有茶叶检验检测中心、茶叶价格形成中心、茶文化休闲旅游中心、茶叶电子商务中心和市场管理现代化服务中心等功能。目前已有省内

外的 1 000 多户茶商入驻茶市，连接全国 30 多个省（直辖市、自治区）的 150 多个销地茶叶市场；茶市直接带动周边地区茶农 100 多万户、茶园面积 100 多万亩，春茶旺季时日交易人数达到 1.3 万人，日交易量超过 16 万千克，日交易额达到了 9 000 多万元。2017 年交易额达到了 50 亿元以上，经济效益良好，已真正成为全国最大的龙井茶交易集散中心。

三、注册商标，创立品牌

"浙东名茶市场"声名鹊起，四方乡邻纷至沓来，随着市场的发展，千家万户小农经营的固有弊端也开始突现。包装不统一，质量有优劣，价格更是五花八门。

市场的优胜劣汰催生了标准化、品牌化的启动，大佛龙井开始脱胎换骨。

浙江龙井历史悠久，但却一直没有一个规范的标准，1997 年浙江省农业厅经济作物管理局牵头在新昌开始起草第一个龙井茶标准《"大佛龙井"浙江省地方标准》，1998 年年底正式颁布实施，规范了大佛龙井茶种植、生产、加工流程。1999 年，新昌县名茶协会开始申请注册大佛龙井证明商标，并于 2002 年成功注册，县名茶协会随即制定实施了《新昌县大佛龙井品牌管理实施办法》《关于加强大佛龙井中国驰名商标管理和保护的意见》，就商标使用、包装设计、茶叶分级做出了明确规定，千家万户分散经营的茶农从此有了共同的、可操作的规范化标准。

"大佛"商标的注册成功，大佛龙井也完成了从一个农产品到市场商品的蜕变，新昌茶产业又开始了新一轮从生产型向生产经营型的转变，以一种全新的面貌在各大城市登堂入室。

2011 年，新昌大佛龙井荣获"中国驰名商标"，连续八年入选全国茶叶区域公用品牌价值十强。经评估，2011 年品牌价值 22.99 亿元；2018年，品牌价值达到了38.23亿元。

2013年开始县政府又推出"绿+红"多茶类发展战略，天姥红茶、天姥云雾名茶相继问世。

四、"三产融合"，打造茶业全产业链

几乎在茶产业发展的每一个关键时期，新昌都出台新政，引领发展。这些"领头羊"的政策使新昌被誉为中国茶业发展的风向标。而在茶产业融合发展问题上，新昌也先人一步，进行了一系列探索和实践。

一方面，新昌是中国名茶之乡，茶叶产业基础比较扎实，不仅规模大，而且品牌响，茶叶加工、茶机生产、茶叶包装设计等在内的第二产业高度发达；另一方面，新昌又是旅游大县，"江南第一大佛"每年吸引着多达百万游客前来观光。这就为新昌茶业从一产、二产向三产延伸，将茶叶生产、茶叶加工和茶文化、茶旅游、茶交易融合发展创造了有利条件。

新昌本是旅游胜地，景点众多，游客如云，"中国茶市"紧扣互联网时代的消费特征，推出"旅游"+"特产"的概念。2009年，"中国茶市"成功创建国家AAA级景区，并先后与上海、杭州、宁波、绍兴等地的100余家旅行社签约。游客在饱览新昌秀丽风光之余，到"中国茶市"品茶、看茶艺表演、参观茶文化博物馆，同时购买茶叶。通过融合发展，新昌的旅游和茶产业双双获得新的生命。据统计，"中国茶市"每年要接待游客4万余人。

为了进一步提高大佛龙井品牌辐射力，2010年，"中国茶市"结合实体市场优势，采用B2C电子商务交易模式，在全国茶叶专业市场中，第一家登录网上专业市场。随着新型经营主体的成长，2017年，大佛龙井的电商销量在放大，茶市电商已达335户，注册会员35万人次，2017年网上交易额达到7.8亿元，其中线下成交

5.9亿元,线上成交1.9亿元,交易笔数200多万笔。目前,成功打造了线下(实体店)体验、线上(互联网)购买、线上线下相融合的O2O模式。

每一个游客都是一个传播者,其不仅在新昌体验茶产业,接受茶文化,而且通过微信等方式,主动参与其中,成为大佛龙井最直接的传播者;而网络的力量让大佛龙井插上了翅膀,将影响力拓展到了"无形"之中。

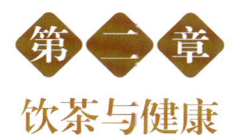
第二章 饮茶与健康

茶日渐成为人们日常生活中不可缺少的元素。根据大量的科学研究报道，饮茶对于人体健康大有裨益。本章将主要从三个方面入手，综合解析茶饮的健康功效。首先，茶叶中含有多种化学物质，包括其产量构成物质的产量成分，色香味构成物质的品质成分，以及营养和功能成分，其中最重要的成分包括多酚类及其衍生物、生物碱、氨基酸、茶多糖、维生素、矿质元素和色素成分，这些成分都是茶叶的品质及滋味的重要组成部分，也是发挥茶叶保健功效的主要力量。其次，本章将介绍一些科学的饮茶常识，从不同茶类、不同人群、不同时间阐述科学的饮茶常识，并阐述部分饮茶注意事项。在科学饮茶方式的指导下，茶叶的保健功效才能得以有效发挥。最后，本章将深入讲解茶叶的各种保健功效及其消除自由基的机理，主要从延年益寿、提神与安神、消食、去肥腻、明目、解毒和利水方面入手，为茶叶保健作用提供科学有力的佐证。

第一节 茶叶中主要的化学成分

茶叶的化学成分丰富，有的是构成茶叶产量的重要组分，有的会对茶叶品质发挥重要作用，还有的能够对机体产生良好的保健作用。

一、概述

茶叶的主要化学成分包括茶多酚、咖啡因、茶氨酸、茶色素、茶多糖、有机酸、维生素、芳香物质、矿物质成分等，它们不仅为形成茶叶特有的色、香、味作出贡献，同时也对人体健康具有重要作用。

（一）茶叶中化学成分

茶叶中的化学成分是由无机物（3.5%～7%）和有机物（93%～96.5%）组成的。目前，茶树中经过分离、鉴定的已知化合物有700多种，其中包括蛋白质、糖类、脂类、多酚类、氨基酸、生物碱、色素、芳香物质、皂苷等。

（二）产量成分（茶叶产量构成物质）

在茶树鲜叶中，水分约占75%，干物质占25%左右，构成干物质占比最大的四类物质分别为蛋白质（20%～30%）、糖类（20%～25%）、茶多酚（18%～36%）、脂类（8%左右），因为这四类物质对茶叶干物质重量贡献最大，因此将其称为茶叶的产量成分。

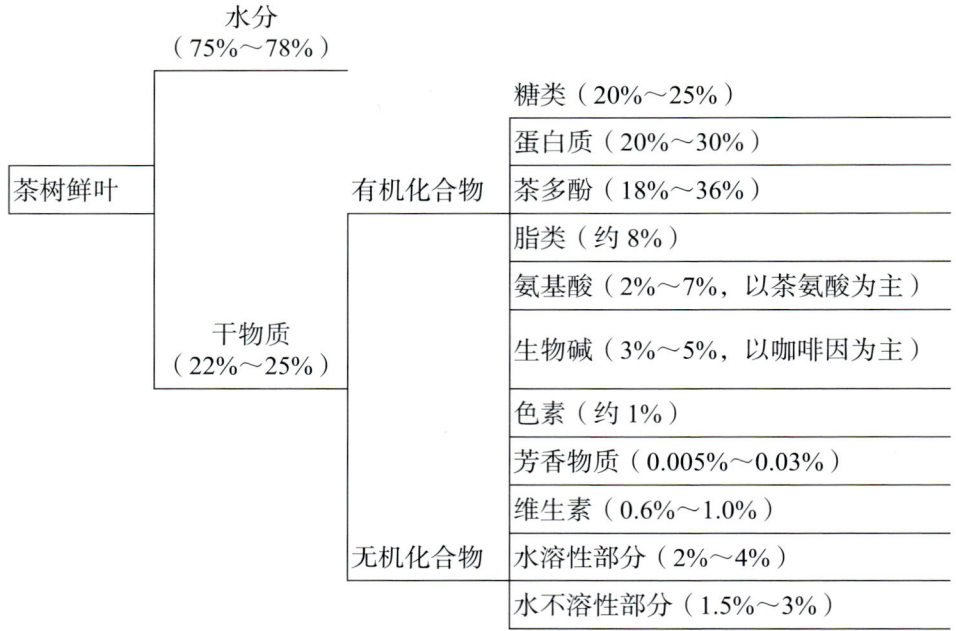

茶叶的化学成分

第二章 饮茶与健康

（三）品质成分（茶叶色、香、味物质基础）

品质成分是指影响茶叶色、香、味的成分。

一是茶叶色，色素（约1%）影响干茶色泽、汤色及叶底色泽。

二是茶叶香，芳香物质（0.005%～0.03%）影响茶叶的香气，种类超过500种，包括碳氢化合物，醇类、酸类、醛类、酯类、内酯类、酮类、酚类、含硫化合物类、过氧化物类、吡啶类、吡嗪类、喹啉类、芳胺类等。

三是茶叶味，滋味基物质主要包括氨基酸（2%～7%）、茶多酚及其氧化产物、咖啡因（2%～5%）、糖类等，其含量和比例的变化深刻影响着滋味的改变，茶多酚是涩味物质，具有收敛性，茶多酚的主要成分为儿茶素，占茶多酚总量70%以上，儿茶素又分为酯型儿茶素和非酯型儿茶素，酯型儿茶素较非酯型儿茶素偏苦涩，氨基酸为鲜味物质，咖啡因呈苦味，糖类呈甜味。

（四）营养成分（茶叶中的营养素）

茶叶具备五类人体必需营养素；第一类是必需氨基酸，如赖氨酸、色氨酸、苯丙氨酸、甲硫氨酸、苏氨酸、异亮氨酸、亮氨酸、缬氨酸；第二类是必需脂肪酸，如亚油酸；第三类是维生素，包括脂溶性维生素和水溶性维生素；第四类是无机盐，包括常量元素钙、磷、镁、钾、钠、氯、硫，以及微量元素铁、铜、锌、锰、钼、镍、锡；第五类是黄酮类化合物。

（五）功效成分（茶叶中的功能成分）

功效成分是指能够通过激活体内酶的活性或者其他生理途径来调节人体机能的物质。目前茶叶中研究较多的为以下三种成分，即茶多酚、咖啡因和茶氨酸，上述三种成分具有广泛的生理活性，例如，茶多酚具有抑菌能力，能够有效抑制溃疡表面细菌的生长，且能够清除体内过多的自由基，促进溃疡愈合，同时茶多酚可增强微血管的弹性、韧性，改善口腔血液循环，防止溃疡化，因此茶多酚

具有促进口腔溃疡愈合的作用。

二、茶叶的主要化学成分

茶叶的化学成分包括了产量成分、品质成分、营养成分以及功效成分等,表明茶叶本身即为一个多组分共同组合的有机体,同时也正是依赖于上述成分,不同类别的茶叶才展现出特有的品质特征及相应的保健功效。茶叶中最重要的化学成分分以下几类。

(一)多酚类及其衍生物

茶多酚类亦被称作茶鞣质、茶单宁,其含量一般占茶叶干重的18%~36%,存在于茶树新梢和各类器官中,与茶树的生长发育、新陈代谢和茶叶品质密切相关,对人体也具有十分重要的生理活性。多酚类及其衍生物包括:儿茶素(黄烷醇类);黄酮、黄酮醇类;花青素、花白素类以及酚酸及缩酚酸类。

(二)生物碱(咖啡因为主)

茶叶中的生物碱分为咖啡因、可可碱和茶碱,其中咖啡因的含量最高,占茶叶干物质的2%~4%,属于茶叶的一种特征性物质。可可碱、茶碱分别占0.06%~1%和0.05%左右,三种生物碱都属于甲基嘌呤类化合物,并均具有刺激中枢神经的作用。

(三)氨基酸(茶氨酸为主)

氨基酸是具有氨基和羧基的有机化合物,茶叶中发现并已鉴定的氨基酸有26种,包括20种蛋白质氨基酸以及6种非蛋白质氨基酸。茶叶中的氨基酸对茶树生理、茶叶加工以及茶叶品质具有重要意义。茶叶中的氨基酸占茶叶干物质的2%~7%。茶氨酸是茶叶中氨基酸的主要组分,属于非蛋白质氨基酸。

(四)茶多糖

糖类亦称碳水化合物,是植物光合作用的初级产物,它们构成植物的骨架,也是植物储藏营养的一种形式。此外,糖类是合成其他多种成分的前体物质。茶多糖由糖类、果胶和蛋白质等组成，是茶叶中具有生物活性的物质。

（五）维生素

维生素是维持人体健康不可缺少的一类微量有机物质，参与调节人体生长、代谢、发育各个过程，这类物质在人体内不能直接合成，必须从食物中摄取。茶叶中维生素含量占茶叶干重的 0.6%～1.0%，分为脂溶性维生素：维生素 A、维生素 D、维生素 E、维生素 K 和水溶性维生素：维生素 B_1、维生素 B_2、维生素 B_6、维生素 B_{12}、维生素 C、叶酸、生物素。

（六）矿质元素

茶叶中含有人体所需的常量元素和微量元素。常量元素是指在有机体内含量占比为 0.01% 以上的元素，茶叶中包括磷、钙、钾、钠、镁、硫等常量元素。微量元素指的是在有机体中含量占比 0.005%～0.01% 的元素，茶叶中主要有硒、氟、铁、锰、锌和碘等微量元素。

（七）茶叶中的色素成分

色素是影响茶叶色泽、汤色和叶底色泽的主要成分。茶叶本身存在的色素称为天然色素，而有些色素是在加工中氧化形成的。茶叶中的色素根据其溶解性质分为脂溶性和水溶性两类，脂溶性色素包括叶绿素、类胡萝卜素等，水溶性色素则包括花青素、茶黄素以及儿茶素的氧化产物。脂溶性色素不溶于水，故主要影响干茶以及叶底的色泽，而水溶性色素则与茶汤颜色密切相关。

第二节　饮茶与健康

茶叶是一种天然健康饮料，饮茶对人体的保健作用及其保健机理受到世界各国科学家的广泛关注。1997 年 5 月，美国健康基金会

John H. Weisburger 在 *Cancer Letter*（《癌症通讯》）上发表了一篇题为 Tea and health: A historical perspective（茶与健康：历史的透视）的文章，比较客观地叙述了茶叶保健功效发现的经过，并认为茶叶是最安全的饮料。

一、茶叶功能认知的历史

茶叶功能的发现与初步探索是神农时期至唐初这一历史阶段。神农尝百草，日遇七十二毒，得荼（茶的别称）而解之，这是历史上关于茶叶保健功效的典型传说。

唐代至 20 世纪中期，对茶叶功能的解释主要依靠中医理论，而且茶叶的功能开发利用方式也是以中医技术为主。明代中医药大家李时珍在其《本草纲目》中较为系统地总结了茶的药理作用：茶苦而寒最能降火。火为百病，火降则上清矣……温饮则火因寒气而下降，热饮则茶借火气而开散，又兼解酒之毒，使人神思爽，不昏不睡，此茶之功也。

自 20 世纪中叶以来，在茶的功能开发和利用过程中借助现代科学技术手段，人们对茶的功能、主要功能物质及其作用机制有了较为深入的了解。从茶叶中鉴定并分离了大量功能成分，目前从茶叶中分离鉴定出的化学成分已有 700 余种。茶叶主要成分为茶多酚、氨基酸、咖啡因、茶多糖、芳香族化合物、碳水化合物、有机酸、维生素和矿物质等，其中茶多酚、咖啡因、茶氨酸、茶多糖等为茶叶中的功能性成分，对健康有益，具有特定药理作用，能够对人体健康起到明显的调节作用。

茶叶的许多功能已被发现，如茶叶具有延年益寿和抗辐射等功能，但鉴于早期的研究技术和理论的限制，对其机制很少涉及。自从将现代科学技术应用到该研究领域以后，科学家发现了茶多酚类物质能够通过直接或间接清除自由基，起到预防各类疾病的作用，从而通过抗氧化和清除自由基理论解释了茶叶的延年益寿、抗辐射以及抗肿瘤等生物活性功能。此外还有研究表明，茶叶的增强记忆功能与茶叶中的茶氨酸对大脑及神经调节作用有关。

二、茶叶的保健功能

中医认为茶叶具有广泛的生理活性，能够起到延年益寿、去脂减肥、提神醒脑等多重作用。现代医学和茶叶生化研究表明，茶叶中含有丰富的保健成分，具有良好的保健功能。对许多威胁人体健康的现代疾病，比如心脑血管疾病、癌症、神经退行性疾病、炎症等均具有一定的药理作用。

（一）延年益寿

饮茶有利于长寿，历史上不乏长寿的爱茶人。如以偈语"吃茶去"闻名的赵州禅师，活到120岁；提出"君不可一日无茶"的乾隆皇帝，活到88岁，在位60年，还有晚清最后一位秀才苏局仙，活到110岁。茶叶界更是不乏长寿的老学者、老教授。茶叶能延年益寿主要归功于其对自由基的清除作用。自由基是人体正常代谢的产物，在正常情况下，人体内的自由基不断产生，同时被抗氧化系统清除，机体内自由基水平被控制在一定范围之内，不会对人体产生明显的伤害。然而，当受到某些外界因素影响，导致自由基生成过多，而抗氧化系统难以发挥作用时，就会导致自由基逐渐积累。自由基与蛋白质、DNA、脂类等发生反应，损害机体正常功能，诱发疾病产生，加速衰老。茶叶中的多酚类化合物具有卓越的抗氧化、清除自由基的功效。饮茶可通过外源补充抗氧化剂起到延缓衰老，防治疾病的作用。

（二）提神与安神

茶叶中含有咖啡因，能够起到提神醒脑的兴奋作用，能消除疲劳，提神益思，所以适当饮茶能够起到使人保持头脑清醒和集中注

意力的作用。同时茶叶中富含茶氨酸，它是一种能够起到镇静作用的神经松弛剂，使大脑中α波增强，α波可起到镇静安神、平和身心的作用。因此通过饮茶，既可以集中注意力，提神益思，同时能够舒缓身心，镇静安神。

（三）消食

茶叶中咖啡因等成分，能够刺激胃酸分泌，增进食欲，加速肠道蠕动，改善胃肠道功能。因此，饮茶可以起到消食、助消化的作用。

（四）去脂

作为现代人最关心的健康问题之一，肥胖问题一直被人们所关注，肥腻不光是影响食物的风味，同样也影响人们的健康。喝茶可以解除油腻，这一点自古以来受饮茶者推崇。根据古代文献记载，饮茶不但可以减轻肥腻的食物带来的不适感，还可以避免肥胖。例如《本草纲目拾遗》中就有记载，茶可以"解油腻牛羊毒"，指的就是可以通过饮茶去除食用牛肉或者羊肉所带来的肥腻感。"尝闻茗消肉，应亦可破癥"，这是北宋诗人梅尧臣在其诗作《答宣城张主簿遗鸦山茶》中记录的茶的消脂的作用。清朝王椷的《秋灯丛话》中关于茶的去脂效果有一段别开生面的故事："北贾某，贸易江南，善食猪首，数人之量，有精于岐黄者见之，问其仆，曰：每餐如是，已十有余年矣。医者曰：病将作，凡药不能治也，俟其归，尾之北上，将以为奇货。久之，无恙。复细询前仆，曰：主人食后，必满饮松萝茶数瓯，医爽然曰：此毒唯松萝茶可解，怅然而返。"消除肥腻，自然可以避免肥腻所导致的疾病，这恰好符合现代人所推崇的健康理念。我国边疆少数民族谚语："宁可三日不吃粮，不可一日不喝茶。"

（五）明目

随着计算机以及移动电子设备的普及，眼部健康问题也受到人们的广泛关注。人们在一天繁忙的工作学习之后往往会感到眼部疲劳。自古以来，人们就认为茶有明目的功效，事实上，茶叶中含有大量的维生素、茶多酚等物质，能够清肝明目，缓解眼部疲劳，特别是绿茶的明目效果尤为突出。古往今来有很多以茶明目的药方，例如《沈氏尊生方》就有："治目中赤脉；芽茶、白芷、附子各一钱，细辛、防风、羌活、荆芥、川芎各五分，加盐少许，清水煎服。"另外《眼科要览》中也有相关的治疗方法："烂眼皮：甘石，黄连，雨前茶共研极细，点。"可见以茶入药治疗眼疾自古有之。

（六）解毒

茶的解毒功效一直被人们所津津乐道，中医将清热去火的功效称为解毒。茶最初很长一段时间都是作为药物为人们所利用，三国时期的名医华佗在其重要论作《食论》中就曾经对茶的药效有着极高的评价："苦茶久食益意思。"《本草求真》上说："茶味甘气寒，故能入肺清痰利水，入心清热解毒，是以垢腻能涤，炙爆能解。"

茶叶中的单宁酸能够与毒物中的重金属离子产生络合反应，从而防止其产生毒害，同时茶多酚的杀菌作用可以在一定程度上防止人体受到微生物的侵扰，因此长期饮茶能够增强人们的抵抗力，减少疾病的发生。

（七）利水

中医将能够利水，加速尿液排出的药物称作利水渗湿药。该类药味多甘淡，能够利水消肿、利尿通淋、利湿退黄，可以缓解水肿、小便不利、水泻、湿痹、湿疹，以及黄疸、湿疮等。饮茶能够促进体质偏湿者多排尿，减轻浮肿以及虚胖导致的高血压等健康问题。另外，长期饮茶能够调理肠胃，防止腹泻。

三、茶叶保健的机理——清除自由基

自由基是指游离存在机体内的具有一个不配对电子的分子、离子、原子或原子团。在机体内的自由基常以氧或氮的形式存在，即

氧自由基或氮自由基。光、热、高能射线、疾病、创伤、环境污染、放射线、紫外线、化学药物、吸烟等作用下都会导致体内自由基生成过量，机体自由基代谢失衡。体内存在着抗氧化系统，有抗氧化酶类和抗氧化剂，正常情况下人体可以将自由基维持在较低水平，不会诱导相关疾病的发生。然而随着年龄的增长或在其他外因的影响下，细胞功能逐渐衰退，抗氧化能力减弱，自由基积累越来越多。

自由基是人体正常代谢的产物，积累过多会对机体造成伤害，有"自由基是万病之源"的说法。过多的自由基会引起人体遗传物质 DNA 的改变，脂质和蛋白质受损，导致生理异常，引发一系列疾病，如癌症、心血管病、炎症、白内障、糖尿病、老年痴呆等。

茶多酚富含羟基基团（—OH），能够与自由基结合，起到"牺牲小我，顾全大局"的作用，并且茶多酚所含羟基数量比维生素多，因此其清除自由基的活性更为强大。茶多酚还可以通过抑制氧化酶及增强抗氧化酶类来达到清除自由基的作用。基于卓越的抗氧化活性，茶多酚也被认为是茶中最主要、最精华，对人体最有用的成分物质。

第三节　科学饮茶常识

中国是最早发现茶、利用茶的国家。中国人对茶的健康功效的认知源自对生活实践的总结，在中国传统医学理论中得以体现，茶也具有性味等特征，饮茶也应注意宜忌。不同的茶树品种和不同加工方法制成的各类茶叶，其内含成分存在很大的差异。人们由于体质以及生活习惯的不同，对茶叶的类型、喜好程度也不同。日常饮茶中，可以根据自己的体质及当时的身体状态选择最适合自己的茶叶。

第二章 饮茶与健康

一、看茶喝茶

看茶喝茶，就是根据茶叶种类的不同，选择合适的茶叶和饮茶方式。从中医的角度来看，茶可以分为凉性、中性和温性。总体来说，绿茶、黄茶、白茶偏凉性，乌龙茶偏中性，黑茶和红茶偏温性。根据具体情况还可以进一步细化。例如普洱熟茶偏温性；而年份很新的普洱生茶，其茶性还未转化，通常将它视为晒青绿茶，偏凉性。再如浙江龙泉的金观音等轻发酵、轻焙火的乌龙茶偏凉性，而武夷岩茶之类中发酵、重焙火的乌龙茶偏温性。

二、看人喝茶

看人喝茶，是根据个人体质的不同，选择合适的茶叶和饮茶方式。可根据体质、习惯以及判断自己是否属于特殊时期而确定是否适合饮茶以及适合饮哪一类型的茶。

（一）根据体质选择茶饮

不同人饮茶后的感受和生理反应相去甚远。

一般认为饮茶能够降血压，但对咖啡因特别敏感的人饮茶后可能会出现血压上升、心跳加快的情况；一般认为饮茶能通便，但有些人饮茶后会出现便秘的情况；有些人喝绿茶会觉得肠胃不适；有些人喝茶后难以入睡，有些人会"茶醉"，心慌、冒冷汗。这些都是由于喝的茶不适合自己的体质而引发的身体不适。所以，应依据自己特有的体质选取最适合的茶。所谓体质，就是指人在生命过程中，在先天禀赋和后天获得的基础上所形成的形态结构、生理功能和心理状态等综合的相对稳定的固有特质。《中医体质分类与判定》将人的体质分为九种，传统医学认为，不同体质者宜饮用与之相适应的茶叶。

第一种平和体质，是正常的，健康的体质。这种体质的人什么

茶都可以喝。

第二种气虚体质，这种体质的人元气不足，身体虚弱，容易疲劳乏力，也容易感冒。这种体质的人不宜喝凉性茶与咖啡因含量高的茶，宜喝温性茶。

第三种阳虚体质，是很常见的体质，这种体质的人阳气不足、畏寒，冬天会手脚冰凉。阳虚的人应多喝温性茶，少喝或不喝凉性茶。

第四种阴虚体质，与虚体质相反，这种体质的人手心与脚心都很热，冬天不怕冷，但夏天非常怕热，而且容易口干、喉咙干、眼睛干涩，容易便秘。阴虚者应少喝或不喝温性茶，多喝凉性茶。

第五种血瘀体质，这种体质的人面色发暗，眼睛里有血丝，牙龈容易出血，磕碰后会出现难以褪去的淤青。血瘀体质的饮茶者宜喝浓茶，各种茶都可以喝。

第六种痰湿体质，这种体质的人体形偏胖，极易出汗，腹部肥满松软，皮肤容易出油，嗓子里总是有痰，容易困倦。痰湿体质者也宜喝浓茶，各种茶都可以喝。

第七种湿热体质，这种体质的人油光满面，易生粉刺，皮肤时常瘙痒，容易口苦、口臭。湿热体质者应少喝或不喝温性茶，多喝凉性茶。

第八种气郁体质，这种体质的人多愁善感，体形偏瘦，常感到乳房及两肋部胀痛。气郁体质者宜饮较淡、咖啡因含量较低的茶，也可以喝一些花茶。

第九种特禀体质，即过敏体质，易患哮喘，易对药物、食物、花粉等过敏。特禀体质的人，在无不良反应的前提下，可以适量饮淡茶或低咖啡因、高氨基酸的茶。

传统医学认为，体质各异，饮茶也各异，体质燥热者应多喝凉性茶，体质虚寒者应多喝温性茶，这是总原则。不过，人的体质多为复合型,也会发生变化,非常复杂。所以,我们可以考虑自己当下的体质特征,选择适宜的茶类,帮助我们保持身体的健康和谐。

(二)根据喜好合理饮茶

初次饮茶或偶尔饮茶的人适宜喝一些清新鲜爽的茶,如安吉白茶等名优绿茶,或者清香型铁观音等轻发酵乌龙茶。喜好浓醇茶味者,选择炒青绿茶和重发酵乌龙茶为佳。喜好调饮的,可以酌情加一些牛奶、柠檬片等。

(三)特殊人群合理饮茶

处于经期、孕期和哺乳期的女性最好少饮茶或只饮淡茶。茶叶中的茶多酚会与铁离子络合,增加缺铁性贫血的风险。茶叶中的咖啡因对中枢神经和心血管有刺激作用,大量饮茶会使经期女性的基础代谢增高,易引起痛经、经血过多或经期延长等问题。孕妇摄入大量咖啡因后,胎儿会被动吸收,但胎儿对咖啡因的代谢速度比成人慢得多,这对胎儿的生长发育不利。哺乳期女性饮浓茶后,茶多酚会减少乳汁分泌,同时咖啡因通过母乳进入婴儿体内,易使婴儿兴奋过度,或发生肠痉挛。

糖尿病患者宜饮茶。糖尿病患者的病症是血糖高、口干口渴、乏力。饮茶可以有效地降低血糖,且有止渴、提神的效果。糖尿病人喝茶不必太浓,一日内可数次泡饮,茶类没有限制。

吸烟者与被动吸烟者、放射科医生、采矿工人、使用计算机者可以多喝茶,必要时可以补充茶多酚片剂。

驾驶员、脑力劳动者等可以多喝茶。饮茶能使人保持头脑清醒、精力充沛,适合需要长时间保持高专注度的人群。

神经衰弱与睡眠障碍患者,不应在睡前饮茶。茶叶中含有的咖啡因有令人兴奋作用,会使入睡变得更加困难。

活动性胃溃疡、十二指肠溃疡患者不宜饮茶,尤其不可空腹饮茶。茶叶中的生物碱会使胃酸分泌增加,影响溃疡面的愈合。

缺铁性贫血患者不宜饮茶。茶叶中的茶多酚会与食物、补铁药剂中的铁离子络合,生成难溶性沉淀,不利于人体吸收铁元素,降低补血药剂的药效。

三、看时喝茶

人是大自然中的一员,与自然和谐更有利于自身健康。中医理论认为,看时喝茶,就是根据时节的不同,调整饮茶的种类。一般认为四季中"春饮花茶理郁气,夏饮绿茶驱暑湿。秋品乌龙解燥热,冬品红茶暖脾胃"。春季饮花茶,可以散发在体内积存一冬的寒邪,浓郁的香气能促使阳气生发。绿茶和白茶性凉,夏季饮用可以消暑解渴,清热解毒。秋季饮乌龙,能清除体内的余热,润肺生津。红茶、普洱茶性温,冬季热饮,暖胃祛寒。

四、饮茶注意事项

(一)提倡温饮,避免烫饮

热饮、热食与食管癌有一定关联性。2016年国际癌症研究机构认为,65℃以上的热饮"可增加罹患食管癌风险"。伊朗一项研究显示,患食管癌的风险与红茶的饮用量无关,而与茶水温度有关。相比于习惯温饮(茶水温度不超过65℃)的饮茶者,习惯茶水温度高于65℃的饮茶者更容易患食管癌。

(二)进餐前后不宜饮茶

饮茶会冲淡胃酸,妨碍消化。同时茶叶中的多酚类会与金属离子发生络合反应生成沉淀。日常生活中,为了避免影响营养物质的吸收,饮茶需避开用餐时间。同样,孕妇、产妇对铁、钙等营养的需求较大,也不宜在进餐前后饮茶。

(三)忌饮隔夜茶

茶叶冲泡后放一晚上,这种隔夜茶中的功效成分可能已经被破坏，比如茶多酚会被空气中的氧气所氧化；同时茶汤中可能已经有微生物污染。同样，冲泡过久的茶汤也忌饮用。

（四）早晨起床宜饮一杯淡茶

经过一夜的新陈代谢，人体消耗大量的水分，血液浓度增大。早起饮一杯淡茶，可以补充水分，稀释血液，降低血压，对健康有利。

（五）服药期间应谨慎饮茶

从中医的角度看，茶本身就是一味中药；从西医角度看，茶中的茶多酚、茶氨酸、咖啡因等成分都具有药理功能，存在与各种药物发生各种化学反应或相互作用的可能性，从而影响药效，甚至产生副作用。目前已报道的关于西药与茶叶成分的研究中，除了热茶送服阿司匹林、对乙酰氨基酚及贝诺酯等药物可以增强它们的解热镇痛效果以外，服用以下药物时饮茶都会降低药效，并可能发生不良反应。

第一类含有金属离子的药物，例如补铁药物、补钙药物、铝剂类（如复方氢氧化铝、糖铝等）、钴剂类（维生素 B_{12}、氯化钴等）、银剂类（矽碳银等）等。

第二类抗生素（如四环素、氯霉素、红霉素、链霉素、新霉素、多西环素、头孢菌素、利福平等）和喹诺酮类抗菌药物（诺氟沙星、培氟沙星等）。

第三类消化酶类药物（如胃蛋白酶片、多酶片、胰酶片等）。

第四类含有氨基比林、安替比林的解热散痛药（如安乃近、索米痛片等）。

第五类西咪替丁，以及含有碳酸氢钠、氢氧化铝的治疗胃溃疡的药物。

第六类单胺氧化酶抑制剂（如苯乙肼、异卡波肼、苯环丙胺、帕吉林、呋喃唑酮、灰黄霉素等）。

第七类腺苷增强剂（如潘生丁、克冠草、海索苯定、利多氟嗪、三磷酸腺苷等）。

第八类含有别嘌呤的抗痛风药。

第九类镇静安神类药物（如眠尔通、氯氮、安定等）。

第十类生物碱类药物（如小檗碱、麻黄碱、奎宁等）。

第十一类苷类药物（如洋地黄、洋地黄毒苷、地高辛等）。

医药科技发展日新月异，投入使用的新药源源不断，饮茶对许多药物的影响尚待研究。所以，在服用药物前后，应当谨慎饮茶。

加工审评篇

第三章
六大茶类的品质特征

茶起源于中国，历代茶人创造了数以千计的不同名称的茶叶，是民族文化的遗产和宝贵财富。

茶之为用，最早是从咀嚼鲜叶，品尝茶味，这是最原始的利用方法，进一步发展结果便是生煮羹饮。生煮者，类似煮茶汤，称之"茗菜"；羹饮者，以茶煮粥，称之"茗粥"。此后，茶的进一步发展，便是在茶树生长季节采下树上鲜叶，将其晒干收藏或做成饼状，以备随时利用。唐代（公元618—907年），这种以茶制饼技术，在陆羽《茶经》中记载为："蒸之、捣之、拍之、焙之、穿之、封之、茶之干矣！"宋代（公元960—1279年），中国的制茶技术除保留传统的蒸青团饼茶以外，已有相当数量的蒸青散茶出现（蒸后直接烘干，松散状）；元代（公元1206—1368年）团饼茶逐渐减少，散茶得到较快发展。从蒸青团饼茶发展到散茶，这个阶段自宋至元，大约经历了300年。明代（公元1368—1644年）除蒸青散茶以外，出现了炒青散茶，并得到了发展。这种用锅炒的干热方法制茶的技术上的进步，大大发展了茶的香气。同时还相继出现了黄茶、红茶、黑茶及白茶的加工方法。清代（公元1616—1911年）乌龙茶已形成规模生产，至此绿茶、红茶、黄茶、黑茶、白茶和乌龙茶（青茶），所谓六大茶类已基本形成。

中国作为茶的故乡，产茶量极为丰富。因疆土广袤，各地环境气候不尽相同，茶的种类繁多，千差万别。茶树的生长习性各式各样，采摘下来的鲜茶经过不同的加工方式就形成不同的茶类和品种。茶的分类与初制工艺密不可分，其主要分类依据来自不同的初制工艺，随着工艺的发展与创新，衍生出多个茶类。依据茶叶加工工艺、茶多酚的氧化程度及品质特征不同，从初制的角度将茶叶分为：绿茶、红茶、黄茶、黑茶、白茶和乌龙茶（青茶）六大类。六大茶类的原料都是茶树鲜叶，因加工工艺不同而形成品质差异，使每个基本茶类都具有独特的品质特征。由于加工工艺不同，内含化学成分在加工中发生了变化，从而形成了不同香气、滋味和色泽的茶，如清汤绿叶的绿茶、银毫隐翠的白茶、绿叶红镶边的乌龙茶、红汤红叶的红茶等。我国是世界上茶叶类别最丰富的国家。

第一节 绿茶

绿茶作为中国的主要茶类之一，年产量在10万吨左右，位居全国六大初制茶之首。中国茶叶的生产，以绿茶为最早，有着历史悠久、产区广、品质好等特点。绿茶中的名茶主要有西湖龙井、黄山毛峰、洞庭碧螺春、六安瓜片、信阳毛尖、庐山云雾茶、都匀毛尖、太平猴魁、安吉白茶、竹叶青茶、南京雨花茶等。

一、绿茶的品质特征

绿茶是一种不发酵茶类，在加工过程中杀青钝化了酶的活性，抑制了多酚类物质的酶促氧化反应，使茶叶保持了"清汤绿叶"的品质特征。

绿茶还可以根据其杀青方法不同分蒸青、烘青；根据干燥方法不同分炒青（炒

大佛龙井

干）、晒青（晒干）。

（一）蒸青绿茶

蒸青绿茶的干茶外形呈条形，色泽绿，内质汤色浅绿明亮，香气鲜爽，滋味甘醇，叶底青绿，如湖北的恩施玉露、主产于浙江、福建和安徽等茶区的煎茶。日本的蒸青绿茶根据鲜叶原料和加工方法不同可分为玉露、碾茶（不揉捻）、煎茶、深蒸煎茶、玉绿茶（与煎茶比无精揉工艺）和番茶等。

恩施玉露

（二）炒青绿茶

炒青绿茶的干茶外形色泽不及蒸青绿茶绿润，稍偏黄，内质汤色黄绿明亮，香气浓郁持久，滋味鲜爽，叶底黄绿明亮。炒青绿茶又按外形不同可分为：长炒青、圆炒青、扁炒青等。著名的炒青绿茶有眉茶、珠茶、西湖龙井、信阳毛尖和碧螺春等。

碧螺春

（三）烘青绿茶

烘青绿茶干茶外形条索细紧，显锋毫，色泽绿油润，汤色清澈明亮，香气为嫩香或清香且高长，滋味鲜醇，叶底匀整、嫩绿明亮。代表性的名优烘青绿茶有黄山毛峰、太平猴魁、六安瓜片、岳西翠兰、舒城小兰花、径山茶、长兴紫笋

径山茶

茶、开化龙顶、无锡毫茶等。

（四）晒青绿茶

晒青绿茶主要可分为云南的晒青绿茶和湖北的老青茶。大叶种晒青绿茶外形条索壮实肥硕，白毫显露，色泽深绿，内质汤色黄绿明亮，有晒青气，滋味浓爽，富有收敛性，耐冲泡，叶底肥厚。

二、大佛龙井的品质特征

大佛龙井是中国驰名商标、中国著名品牌、中华文化名茶、浙江省十大名茶、全国农业名牌产品等荣誉称号，连续十年入选中国茶叶区域公用品牌价值十强。

在中华人民共和国农产品地理标志大佛龙井茶产品保护区范围内采摘的茶鲜叶，按照特定工艺在新昌加工成的具有"杏绿汤、蜜栗香"的龙井茶。色泽翠绿，香气浓郁，甘醇爽口，形如雀舌，"色绿、香郁、味甘、形美"四绝。

外形，扁平、挺直、匀齐、尖削为佳。色泽，加工工艺不同，有嫩绿与翠绿，均需光滑、油润。嫩度，一芽一叶初展比例高，嫩度好。龙井茶以一芽一叶初展至一芽一叶为佳。

大佛龙井干茶

茶汤

香气，优质龙井茶香可概括为"清高鲜嫩"，清高：清香高爽，久留鼻尖，鲜嫩：香高细腻，新鲜悦鼻。

第三章　六大茶类的品质特征

汤色，汤色以杏绿、清澈明亮为佳。

滋味，以鲜爽回甘为佳。

（一）鲜叶基本要求

1. 茶树品种

应符合 GB/T 18650—2008《地理标志产品　龙井茶》的规定。

2. 鲜叶质量

芽叶完整，色泽鲜绿，匀净，无劣变。用于同批次加工的鲜叶，其嫩度、匀度、净度、新鲜度应基本一致。

（二）要求

1. 基本要求

应符合 GB/T 18650—2008《地理标志产品　龙井茶》的规定。

2. 分级

按感官品质分为精品、特级、一级、二级、三级、四级、五级。

3. 感官品质

各级大佛龙井茶感官品质应符合下表各级大佛龙井茶感官品质的要求（表3.1）。

表3.1　各级大佛龙井茶感官品质要求

项目	精品	特级	一级	二级	三级	四级	五级
外形	扁平光滑、挺秀尖削；嫩绿鲜润；匀整重实；匀净	扁平光滑、挺直尖削；嫩绿鲜润；匀整壮实；匀净	扁平光滑、挺直、嫩绿尚鲜润；匀整有锋；洁净	扁平挺直，尚光滑；绿润；匀整；尚洁净	扁平、尚光滑；尚挺直；尚绿润；尚匀整；尚洁净	扁平、稍有宽扁条；绿稍深；尚匀；稍有青黄片	尚扁平、有宽扁条；深绿较暗；尚整；有青壳碎片
香气	嫩香馥郁持久	清高持久	栗香显	栗香	纯正	纯和	平和
滋味	鲜爽甘醇	清鲜醇爽	醇爽带鲜	醇厚较爽	醇正	尚醇	尚醇
汤色	嫩绿明亮、清澈	嫩绿明亮、清澈	杏绿明亮	杏绿明亮	尚绿明亮	黄绿	绿黄

表 3.1（续）

项目	精品	特级	一级	二级	三级	四级	五级
叶底	幼嫩成朵、匀齐、嫩绿明亮	细嫩成朵，匀齐，嫩绿明亮	细嫩显芽，绿明亮	嫩软，绿明亮	尚嫩，有单片，绿尚明亮	尚嫩，稍有青张，尚绿明	尚嫩欠匀，带青张，绿稍深
其他要求	无霉变，无劣质，无污染，无异味 产品洁净，不得着色，不得夹杂非茶类物质，不含任何添加剂						

三、天姥云雾的品质特征

俗话说"高山云雾出好茶"。新昌有一类绿茶，名曰"云雾茶"，因其产自高山，深得云雾神韵。新昌的"云雾茶"，诞生于20世纪80年代初，脱胎于珠茶。外形卷曲细紧，色泽绿润显毫。外形：勾曲，色泽：翠润，汤色：明亮，香高持久，滋味：鲜爽，叶底：嫩绿明亮，耐冲泡耐储藏。得益于新昌

天姥云雾

得天独厚的自然环境，新昌的"云雾茶"清香持久，滋味鲜爽甘醇，耐泡、耐储藏。代表性产品有新昌县雪溪茶业有限公司的"望海云雾"、小将镇乌牛岗家庭农场的"菩提曲毫"、新昌县小将林场的"罗坑山云雾"、新昌县沃洲茶业有限公司的"绿岛春云"、新昌县拨云尖茶场的"拨云尖高山云雾"、浙江澄潭茶厂的"三月熙春"等。

以新昌县行政区域内海拔400米及以上的生态茶园产出的鲜叶为原料，采用"杀青—摊凉—揉捻—初烘—做形—复烘—足焙"等工艺加工而成，具有外形卷曲成盘花状、色泽绿翠、味鲜香郁等特征的半烘炒绿茶。新昌县的"云雾茶"，得益于其加工工艺，利于规模化加工，因而品质均一、规格稳定，消费者喜闻乐见。

（一）产品分级与实物标准样

1. 分级

天姥云雾茶分为精品、特级、一级、二级。

2. 实物标准样

各级别按 T/CTSS 48—2022《天姥云雾茶》的技术要求分别设一个实物标准样，为该级别产品品质的最低限。

实物标准样按 GB/T 18795—2012《茶叶标准样品制备技术条件》的要求制备，由新昌县名茶协会负责监制。

实物标准样应密封、干燥、阴凉、避光条件下保存，实物标准样每三年更换一次。

（二）要求

1. 基本要求

应符合 GB/T 14456.1—2017《绿茶 第1部分：基本要求》的规定。

品质正常，无劣变、无异味，不得含有非茶类夹杂物。

不着色、不添加香味物质和其他添加剂。

2. 感官品质应符合天姥云雾茶感官指标要求（表 3.2）

表 3.2 天姥云雾茶感官指标

级别	外形	内质			
		香气	滋味	汤色	叶底
精品	卷曲紧秀，呈盘花状，匀齐，洁净，嫩绿润	嫩香持久	鲜爽回甘	嫩绿明亮	嫩绿明亮匀齐
特级	卷曲紧细，呈盘花状，匀齐，洁净，绿润	嫩香	鲜，醇爽	嫩绿明亮	嫩绿明亮匀齐
一级	卷曲紧结，呈盘花状，匀整，净，较绿润	清高	醇厚带鲜	绿明亮	绿亮匀整
二级	卷曲紧实，呈盘花状，尚匀整，尚净，尚绿润	清香	醇厚较爽	黄绿明亮	绿明匀整

第二节　红茶

一、红茶的品质特征

明清时，在茶叶制造过程中，发现日晒代替杀青，揉后叶色红变而产生了红茶。最早的红茶发源地是闽赣边境的桐木关。

红茶：全发酵茶。

加工工艺：萎凋—揉捻—发酵—干燥。

品质特征：红汤红叶。

红茶分类：小种红茶、工夫红茶、红碎茶。

红茶

（一）小种红茶

小种红茶产自福建，有正山小种、外山小种和烟小种三类。正山小种品质优异，产于福建武夷山星村桐木关，外形条索紧结，其色泽乌黑，内质汤色红明，呈深琥珀色，滋味甘醇，具有天然的桂圆味及特有的松烟香。福安、政和等地仿制的为"烟小种"。

正山小种

外山小种：武夷山以外，福建坦洋、政和、屏南、古田等地。

烟小种：以工夫红茶的粗老茶经烟熏加工而成。

正山小种红茶加工工艺：萎凋—揉捻—发酵—过红锅—复揉—烟焙。

品质特点：外形叶色乌黑，条索粗壮，内质香气高，微带松烟香，汤色红浓，滋味浓而爽口，活泼甘醇，似桂圆汤味。

"松烟香，桂圆汤"是小种红茶的典型品质特征。

（二）工夫红茶

工夫红茶因在初制时揉捻工艺要求条索完整，以及精制时精工细作而得名，普遍具有原料细嫩，外形条索紧结、匀齐，色泽乌润，内质汤色红亮，香气馥郁，滋味甜醇，叶底明亮等品质特征。著名的工夫红茶有安徽的祁红、云南的滇红、福建的闽红、江西的宁红、湖北的宜红、广东的英红、湖南的湖红、四川的川红和浙江的越红工夫。随着工夫红茶越来越受市场的青睐，有多个产茶区创制新的工夫红茶，如贵州的遵义红和河南的信阳红等。中国的传统出口茶类，远销英国、法国、德国、荷兰等60多个国家。

加工工艺：萎凋—揉捻成条—发酵—烘干。

品质特点：红汤红叶。

代表品种祁红：祁门红茶的简称。茶叶原料选用当地的中叶、中生种茶树"槠叶种"（又名祁门种）制作，是中国历史名茶，著名红茶精品，产于安徽祁门一带。"祁红特绝群芳最，清誉高香不二门。"祁门红茶是红茶中的极品，享有盛誉，是英国女王和王室的至爱饮品，高香美誉，香名远播，美称"群芳最""红茶皇后"。

滇红：云南红茶简称滇红。产于云南南部与西南部的临沧、保山、凤庆、西双版纳、德宏等地。外形肥硕紧实，金毫显露。冲泡后汤色红鲜明亮，金圈突出，香气鲜爽，滋味浓强，富有刺激性，叶底红匀鲜亮，加牛奶仍有较强茶味，呈棕色、粉红或姜黄鲜亮，以浓、强、鲜为其特色。

其他还有福建闽红、湖北宜红、江西宁红、广东英德红茶等。

（三）红碎茶

红碎茶在初制过程中叶片被揉切，芽叶不完整，进一步促进了多酚类物质的氧化，形成了滋味品质"浓、强、鲜"的风味特征。红碎茶根据外形可分为叶茶、碎茶、片茶和末茶四种规格，在印度、斯里兰卡、肯尼亚、孟加拉国、印度尼西亚等国家也有大规模生产，适合加牛奶、糖调饮。红碎茶的外形颗粒重实匀齐，色泽乌润，内质汤色红艳，香气馥郁，滋味浓强鲜爽，叶底红匀。我国是 20 世纪 60 年代以后才大量生产。

加工工艺：萎凋—揉切—发酵—烘干。

冲饮方式：因表面积比较大，一经冲泡时茶汁浸出快，浸出量大，适宜于一次性冲泡后加糖加奶饮用。

二、天姥红茶的品质特征

因新昌茶叶多产自高山，茶鲜叶原料香气前体物质、茶氨酸、可

宁红

红碎茶

天姥红茶

溶性糖等内含成分积累丰富，所产红茶香气宜人、甘鲜味更加突出。外形细秀、显金毫；香气甘甜；滋味甘醇、饱满、柔滑。红茶加工工艺主要有鲜叶萎凋、揉捻、发酵、干燥等过程，通过揉捻增加细胞破碎率，使液泡内的茶多酚与细胞质内的多酚氧化酶接触，茶多酚在发酵过程中酶促氧化成茶黄素、茶红素等物质，减少对胃的刺激，护胃养胃。外形：锋苗紧细，乌黑油润，香气：鲜嫩甜香，滋味：甘爽醇厚，汤色：红明亮。

以在新昌县行政区域内适制红茶的迎霜、鸠坑群体种、浙农117、浙农121和福鼎大白茶等品种的幼嫩芽叶为原料，经过萎凋、揉捻、发酵和干燥等工序加工而成的条形红茶。

（一）产品分级与实物标准样

1. 产品分级

天姥红茶分为精品、特级、一级、二级。

2. 实物标准样

各级别按 T/CTSS 45—2022《天姥红茶》的技术要求分别设一个实物标准样，为该级别产品品质的最低限。

实物标准样按 GB/T 18795—2012《茶叶标准样品制备技术条件》的要求制备。采用密封保存于阴凉、干燥的容器中，每三年更换一次。实物标准样由新昌县名茶协会负责监制。

（二）要求

1. 基本要求

应符合 GB/T 13738.2—2017《红茶　第2部分：工夫红茶》的规定。

无劣变、无异味，不得含有非茶类夹杂物。

不着色、不添加任何香味物质和其他添加剂。

2. 感官品质应符合天姥红茶感官品质要求（表3.3）

表 3.3　天姥红茶感官品质要求

级别	外形	内质			
		香气	滋味	汤色	叶底
精品	条索紧秀，匀整，金毫显露，色泽乌润	花蜜香显	鲜醇甜爽	橙红明亮	细嫩多芽，红匀明亮
特级	条索紧细，匀整，带金毫，色泽乌润	花蜜香	甜醇带鲜	橙红明亮	细嫩，红匀明亮
一级	条索较紧结，较匀整，锋苗显露，色泽较乌润	蜜香	醇厚带甜	橙红较亮	较嫩软，较匀整，红明
二级	条索紧实，尚匀整，色泽乌褐尚润	甜香	尚醇厚	橙红尚亮	尚嫩匀，较红

第三节　白茶

一、白茶的品质特征

白茶在原料上要求鲜叶茸毛多，在加工中要求不炒不揉，形成了白茶外形舒展，白毫满披，汤色清亮，滋味鲜醇等品质特征。白茶属于轻发酵茶，主产于福建，是我国的特产。大部分外销。银针销往俄罗斯、德国、法国等，白牡丹销往东南亚各国。

（一）白毫银针

白毫银针以大白茶或水仙茶树品种的单芽为原料，外形芽针肥壮，多茸毛，色泽银亮，内质汤色清澈，香气清鲜带毫香，滋味清鲜微甜。白毫银针富含氨基酸，尤以茶氨酸最为突出。

白毫银针

（二）白牡丹

白牡丹以大白茶或水仙茶树品种的一芽一叶、一芽二叶为原料，外形自然舒展，二叶抱芯，色泽灰绿，内质汤色橙黄清澈明亮，毫香显，滋味鲜醇，叶底芽叶成朵，肥嫩匀整。白牡丹因鲜叶采自不同品种的茶树，成茶有大白（原料为政和大白茶树品种）、水仙白（原料为水仙茶树品种）和小白（原料为菜茶群体种茶树品种）之分。

白牡丹

（三）贡眉

贡眉以群体种茶树的一芽二叶、一芽三叶嫩梢为原料，菜茶的芽较小，外形叶态卷，有毫心，色泽灰绿偏黄，内质汤色橙黄亮，香气鲜纯，等级高的带毫香，滋味较鲜醇，叶底黄绿，叶脉带红。

贡眉

（四）寿眉

寿眉以大白茶、水仙或群体种的茶树品种的嫩梢和叶片为原料，其品质外形叶态尚紧卷，色泽灰绿稍深，内质汤色橙黄，香气纯正，滋味醇厚尚爽，叶底等级高的带有芽尖，叶张尚软。

寿眉

老白茶：即储存多年的白茶，其中的"多年"是指在一个合理的保质期内，如10～20年；在多年的存放过程中，茶叶内部成分缓慢地发生着变化，香气成分逐渐挥发、汤色逐渐变红、滋味变得醇和，茶性也逐渐由凉转温。

第四节　黄茶

一、黄茶的品质特征

黄茶由于湿热作用而呈现"黄叶黄汤"的品质特征，其香气虽有所降低，但滋味变得更醇。黄茶属于轻发酵茶，焖黄是黄茶品质形成的关键工序和特有工序。

加工工艺：杀青—揉捻—焖黄—干燥。

黄茶

品质特征：黄汤黄叶、味醇厚。

代表品种：君山银针、蒙顶黄芽、霍山黄芽。

（一）黄芽茶

黄芽茶的原料为单芽，著名的黄芽茶有湖南的君山银针、浙江的莫干黄芽和四川的蒙顶黄芽等。

君山银针在干燥后会进行"复包"的再次闷黄，进一步促进多酚氧化。黄芽茶外形呈针形或雀舌形，全芽，色泽嫩黄，内质汤色杏

莫干黄芽

黄明亮，香气较清鲜，滋味醇厚回甘，叶底肥嫩黄亮。

（二）黄小茶

黄小茶的鲜叶原料为一芽一叶至一芽二叶，品种有湖北的远安鹿苑茶，湖南的北港毛尖和沩山毛尖，浙江的平阳黄汤，安徽的黄小茶，等等。黄小茶外形多样，有条形、扁形和兰花形，色泽黄青，内质汤色黄明亮，香气清高，滋味醇厚回甘，叶底柔软黄亮，其中沩山毛尖因在干燥过程中采用"烟熏"，香气具有松烟香。

君山银针

远安黄茶

（三）黄大茶

黄大茶的鲜叶原料相对粗老，多为一芽多叶或对夹叶，主要品种有安徽霍山黄大茶和广东大叶青。黄大茶外形条索卷略松，带茎梗，色泽黄褐，内质汤色深黄亮，香气纯正或有锅巴香，滋味醇和，叶底尚软黄尚亮，有茎梗。

黄大茶

第五节　青茶

一、青茶（乌龙茶）的品质特征

青茶俗称乌龙茶，主产于福建、广东、台湾等地，采用适制青茶的水仙、铁观音、肉桂、乌龙等品种，采摘成熟度较高的驻芽新梢的叶片，俗称"开面采"，具有香高味醇等品质特点。品质特征：绿叶红镶边，有天然花香。汤色橙黄或金黄。

乌龙茶：属半发酵茶，介于绿茶与红茶之间，俗称青茶。

加工工艺：晒青—凉青—摇青—杀青—揉捻（包揉）—烘干。

关键工艺：摇青。

采摘标准：采对夹二三叶与一芽三四叶。

晒青（萎凋）：是乌龙茶形成花果香所必需的，叶子稍软后就收叶在室内晾青，待叶子走水"复活"后进行下道工序。

摇青：摇青做青，使叶子经碰撞后，边缘有所破损开始发酵，不同的乌龙茶发酵程度也不一样。很多轻发酵的乌龙茶，不出现明显的变化，叶子外表仍是绿色的，只是内部发生了显著的变化，产生了较多的花果香物质。

轻发酵指摇青程度较轻、次数少。

重发酵指摇青程度较重、次数多。

包揉：是颗粒形（台湾称半球形）乌龙茶的必要工序，只有通过反复包揉，叶片才能卷曲成颗粒状。

干燥：是乌龙茶形成好香气的重要工序。有些乌龙茶采用较低火温进行慢烘，使乌龙茶香气更好。

因产区不同，分为闽北青茶、闽南青茶、广东青茶、台湾青茶。

第三章 六大茶类的品质特征

（一）闽北青茶

闽北青茶有武夷岩茶、闽北水仙和闽北乌龙三种，其中以武夷岩茶品质较为突出。武夷岩茶外形条结重索肥壮紧结匀整，带扭曲条形，叶背起蛙皮状砂粒，俗称"蛤蟆背"，色泽油润带宝光，内质汤色橙黄或橙红明亮，香气馥郁持久，滋味醇厚回甘，汤中带香，叶底柔软匀亮，边缘朱红或起红点，耐冲泡。

武夷岩茶

（二）闽南青茶

按照茶树品种区分，闽南青茶有铁观音、本山、毛蟹、黄金桂、永春佛手和色种（色种由铁观音和其他品种的乌龙茶拼配制作），此外闽南漳平地区的漳平水仙在制作工艺上用压制替换了包揉，成品茶外形为块状，长、宽约为5厘米，厚度2厘米左右。闽南乌龙茶普遍的品质特征为：外形颗粒紧结重实，色泽砂绿油润，内质汤色绿黄明亮，香气清高持久，滋味醇厚回甘，叶底柔软有红点。

铁观音

（三）广东青茶

广东青茶主要有单丛（凤凰单丛和岭头单丛）、水仙、乌龙（石

凤凰单丛

古坪乌龙、大埔西岩乌龙）及色种茶（主要有八仙茶、大叶奇兰、梅占等），其中以潮州地区的单丛茶最为著名。以凤凰单丛品质为例，其外形条索紧结肥壮，身骨重实，匀整挺直，褐润有光，内质汤色金黄清澈明亮，香气有天然花果香且持久，滋味浓爽回甘，汤中带香韵味显，叶底黄带红边，柔软亮。

（四）台湾青茶

台湾青茶主要分为发酵程度较轻的包种和发酵程度较重的乌龙两大类。包种主要指文山包种，其品质与闽南乌龙较为相似，不同产地、海拔的茶品质有所差异。乌龙主要有木栅铁观音和白毫乌龙，因其发酵程度较重，颜色较其他青茶稍深，香气较浓郁、带果香，滋味醇厚甘滑。木栅铁观音因产于台北木栅区而得名，又叫台湾铁观音，其风味特征明显，香气有火香。白毫乌龙别名东方美人、椪风茶（膨风茶）和香槟乌龙，其发酵程度最重，由被小绿叶蝉吸食后的鲜叶加工而成，外形条索紧结，身骨较轻，白毫显露，枝叶相连，白、绿、红、黄、褐多色相间似花朵，内质汤色橙红，香气果蜜香显，滋味醇和甘甜带蜜果香，叶底浅褐色有红边，成朵。

东方美人茶

各类乌龙茶的发酵程度、品质特征大致如表3.4所示。

表3.4 乌龙茶发酵程度与品质特征

茶名	发酵程度	品质特征
文山包种	20%左右	汤色绿黄，叶底黄绿
冻顶乌龙	30%左右	汤色金黄，叶底褐绿
铁观音	40%左右	汤色深金黄，叶底青绿，少许红边

第三章 六大茶类的品质特征

表 3.4（续）

茶名	发酵程度	品质特征
凤凰单丛	50% 左右	汤色橙黄，叶底黄褐，有红边
大红袍	60% 左右	汤色橙黄红，叶底深褐，红边明显
白毫乌龙	70% 左右	汤色橙红，叶底红褐

第六节 黑茶

一、黑茶的品质特征

加工黑茶的原料成熟度高，在经过渥堆后降低了茶叶的多酚含量，减少了苦涩味，汤色转黄偏红，滋味更加醇和。

（一）湖南黑茶

湖南黑茶由黑毛茶存放后再加工而成。再加工后的产品根据原料嫩度和工艺不同可分为"三尖三砖一花卷"七大品类，三尖为天尖、贡尖和生尖，别称为湘尖一号、湘尖二号和湘尖三号；三砖为黑砖、花砖和花卷即为千两茶，因净重36.25千克，换算成老市斤即为千两而得名（斤、两为非法定计量单位，不同时代每斤、每两克重不同）。湖南黑茶外形主要为散装和紧压，色泽黑褐油润，内质整体为汤色橙黄或橙红明亮，香气陈纯或略带松烟香，茯砖有菌花香，滋味醇和，叶底黄褐。

茯砖

（二）云南普洱熟茶

云南黑茶是指普洱熟茶，泛指用云南大叶种茶树鲜叶，先经加工制成晒青绿茶,再经过洒水渥堆等工艺制成。普洱茶始制于云南南部,集散于古普洱府(现普洱)加工交易故得名,现产于云南澜沧江流域、西双版纳等多地,根据现有国家标准,其产地有所扩大。

普洱熟茶

普洱熟茶的散茶按品质从高到低可分为特级、一级、三级、五级、七级、九级,外形条索肥壮,紧结重实,色泽红褐,特级金毫显,内质汤色红浓明亮,香气陈香显,滋味醇厚回甘,叶底红褐。

普洱熟茶的紧压茶外形端正匀称,松紧适度,不起层脱面,色泽红褐,内质汤色红浓明亮,香气陈香显,滋味醇厚回甘,叶底红褐。一定年份内在良好的储存条件下有利于其香气和滋味的品质提升。

(三)四川边茶

四川边茶产于四川和重庆,历史久远,有南路边茶和西路边茶之分。早在清乾隆时期(公元1736—1795年),朝廷规定雅安、天全、荥经等地所产边茶专销康藏,称"南路边茶";灌县(今都江堰)、崇庆、大邑等地所产边茶专销川西北松潘、理县等地,称"西路边茶"。

历史上南路边茶有六个品种:毛尖、芽细、康砖、金尖、金玉、金仓。其中毛尖与芽细主要是细紧结重实,嫩原料制成的优质黑茶,主要供当时藏族聚居区的贵族品饮,康砖与金尖以"做庄茶"的原料压制,金玉与金仓为"毛庄茶"。

天尖

第三章 六大茶类的品质特征

"做庄茶"康砖与金尖目前尚有保留。"毛庄茶"由于原料粗老，品质较差，1949年后被淘汰。毛尖、芽细逐渐发展为目前的雅安藏茶。制成的做庄茶四级八等，茶叶粗老含有茶梗，叶张卷折成条，色泽棕褐，内质香气纯正，有陈香，滋味平和，汤色黄红明亮，叶底棕褐粗老。毛庄茶，叶质粗老不成条，多为摊片，色泽枯黄，内质远不及做庄茶。

西路边茶主要有方包茶、茯砖两类。方包茶品质特点：篾包方正，四角紧实，色泽黄褐；老茶汤色红黄，香气纯正，滋味平和带粗，叶底黄褐多梗。茯砖品质特征：砖形完整，松紧适度，黄褐显金花；内质汤色红亮，香气纯正，滋味纯和，叶底棕褐。

（四）湖北老青茶

湖北老青茶主产于湖北咸宁地区，原料成熟度较高，以晒青毛茶为原料进行渥堆转化成黑毛茶，经过蒸汽压制成型，干燥后包装成青砖茶，其外形砖面光滑、棱角整齐、紧结平整、色泽青褐、纹理清晰，内质汤色橙红，香气纯正，滋味醇和，叶底暗褐。

（五）广西六堡茶

广西六堡茶因主产于苍梧县的六堡乡而得名，距今有200年的生产历史。六堡茶的品质素以"红、浓、陈、醇"的风味特征，在东南亚市场大受青睐。传统六堡茶品质特征为：外形条索粗壮，色泽黑褐光润，内质汤色红浓明亮，槟榔香，滋味浓醇，叶底红褐。

广西六堡茶

第四章
大佛龙井加工工艺

第一节　大佛龙井手工加工工艺

大佛龙井是新昌茶叶区域公用品牌之一，2003年获准注册。大佛龙井经摊放、杀青、摊凉、辉干、分筛整形等工艺精制而成。

大佛龙井的品质特征：外形扁平光滑，肥壮挺直，色泽嫩绿，匀净；汤色杏绿明亮；栗香馥郁；滋味醇厚甘爽。典型的品质特征为"杏绿汤、蜜栗香"。

干茶　　　　　茶汤　　　　　叶底

（一）大佛龙井手工炒制十大手法

大佛龙井的手工炒制有十大手法：抓、抖、搭、拓、甩、推、扣、捺、磨、压。

1. 抓

大拇指分开，其余四指并拢，掌心向下，五指微曲，稍呈弧形，弯曲收拢，控制住茶叶的炒制手法。

2. 抖

手心向上，五指微微张开，稍曲，将抓起或搭起攒在手掌上的茶叶做上下抖动，并均匀地散落锅中的炒制手法。

3. 搭

四指伸直合拢，向上翘起，拇指分开，翻掌心手心向下，顺势朝锅底茶叶压去的炒制手法。

4. 拓

手掌平展，四指伸直靠拢，手贴茶，茶贴锅，将茶叶从锅底沿锅壁向里移动带在手掌里的炒制手法。

5. 甩

四指微张，大拇指叉开微弯，手心向下翻掌，顺势把手中的茶叶扔向锅底的炒制手法。

6. 推

也称"挺"。手掌向下，四指伸直或微曲，拇指前端略弯向下，手掌与四指控制住并压实茶叶，用力从靠身边锅壁向锅底和前锅壁推去的炒制手法。

7. 扣

手心向下，大拇指与食指张开形成"虎口"，在抓、挺、磨过程中，用中指、无名指抓进茶叶，用拇指挤出茶叶，将大部分茶叶掌握在手中，形成循环运动的炒制手法。

8. 捺

手掌平展，四指伸直靠拢，手贴茶，茶贴锅，将茶叶从锅底沿锅壁用力向外推动的炒制手法。

9. 磨

在抓、挺时用较快的速度往复运动的炒制手法。

10. 压

在做抓、挺、磨动作时，一只手压在另一只手背上的炒制手法。

手工制茶十大手法

（二）基本工艺流程

鲜叶摊放—手工青锅—摊凉回潮—手工辉锅—整理归堆—收灰与储藏。

1. 鲜叶摊放

达到"嫩、匀、净、鲜"四字要求。采鲜叶要求做到"三不采"（不采紫色芽叶、不采病虫芽叶、不采碎叶），"四不带"（即不带老叶、不带老梗、不带什物、不带夹蒂）。

茶鲜叶

采下来的鲜叶应在均匀摊放器具上进行，以室内自然摊放为主，可通过适当控制通风，关闭或开放门窗来调节鲜叶的失水。必要时可用鲜叶脱水机脱除表面水后再进行摊放，也可用鼓风方式缩短摊放时间。有条件的可在空调室内或专用摊青设备、摊青室进行摊放，根据鲜叶数量和加工能力来调节摊青进程。摊放场所要求清洁卫生、阴凉、空气流通、不受阳光直射。

摊放厚度：视天气、鲜叶老嫩、摊放方式而定。高档嫩叶薄摊，中低档芽叶可适当加厚；自然摊放薄摊，设备摊放可适当加厚；自然摊放不宜搭叶，鼓风摊放不漏风。二级以上鲜叶原料每平方米摊放1千克为宜，摊叶厚度控制在30毫米内；三级、四级鲜叶原料一般控制在40～50毫米。

摊放时间：视天气和原料而定，一般6～12小时。晴天、干燥天时间可短些；阴雨天应相对长些。二级以上鲜叶摊放时间应长些，三级、四级鲜叶摊放时间应短些。

摊放过程：二级至四级鲜叶轻翻1～2次，促使鲜叶水分散发均匀且摊放程度一致。二级以上鲜叶尽量少翻。

摊放程度：以叶面开始萎缩，叶质由硬变软，叶色由鲜绿转暗绿，清香显露，含水率降至（70±2）%为宜。

鲜叶摊放

2. 手工青锅

青锅温度：摊青叶下锅时以锅底温度150～200℃为宜；锅温应先高后低。

投叶量：高档鲜叶为100～150克，中档鲜叶150～200克，低档鲜叶200～250克。

青锅程度：芽叶初具扁平、挺直、尚软、色绿一致，茶叶含水率降至40%左右。历时12～14分钟。

作业过程：足温后，先用油㧅蘸极少炒茶专用油脂，润滑锅面，

油烟散去后,放入鲜叶;炒制时应先轻抓、轻抖,使芽叶均匀受热,充分散发水汽,炒约 3 分钟;芽叶呈自然"瘪落"时,适当降低温度,减少抖,采用带、抓、搭、捺等手法;随着芽叶含水量的减少,逐渐加重手势,以不出茶汁、互不黏结为宜,炒 9~12 分钟,至芽叶身骨挺直,色泽翠绿或嫩绿一致,约七成干时起锅。

3. 摊凉回潮

青锅叶出锅后应及时摊凉,及时降温和散发水汽。青锅叶摊凉后,适当并堆,必要时可覆盖清洁棉布,使芽、茎、叶各部位的水分重新分布均匀回软。摊凉回潮时间 1~2 小时。辉锅前应先筛分,筛面、筛底分别辉锅。

4. 手工辉锅

辉锅温度:下叶时锅底温度为 75~90℃。

投叶量:高档茶每锅投青锅叶 150 克左右,中低档茶 200~250 克。大约两锅青锅叶并作一锅。

辉锅程度:叶身挺直,尖削,光滑,含水率降至 6.5% 及以下。全程时间为 15~20 分钟。

作业过程:用油榻蘸极少量炒茶专用油脂,润滑锅面;足温后下叶,开始轻抓、轻抖、稍搭,以理条、散发水气为主,炒 3~8 分钟;然后逐渐用搭(捺)、抓(扣)等手法,把茶叶齐直地攒在手中,然后逐步使用挺、甩等手法,炒 5~6 分钟;当茶叶茸毛显露时,可略提高锅温(有烫手感),减轻用力,改用抓、磨、吐等手法,使茶叶光、扁、平、直,当茸毛起球脱落时可起锅,炒约 5 分钟。

5. 整理归堆

出锅的茶叶应在散热后用相应的号筛进行筛分,并结合簸、拣等手段筛去碎末,簸去黄片,拣梗剔杂,分级归堆。

筛面茶经挺长头(方法与辉锅相同),筛去碎末后降一级归堆。

6. 收灰与储藏

收灰：茶叶放在专用储存缸或其他容器中，按茶叶与生石灰之比为 5∶1 的比例储放，时间为 10～15 天。茶叶与生石灰不能直接接触，之间用非漂白的白纸或本白白布隔开。生石灰用非漂白白布制成布袋盛装。

储藏：宜储存在低温专用冷库中，温度以 5℃以下为宜。

第二节　大佛龙井机械加工工艺

大佛龙井茶机械加工工序依次为：鲜叶摊放—杀青理条（青锅）—摊凉回潮—压扁磨光（二青）—摊凉回潮—辉锅足干等。

龙井茶炒制机器

一、鲜叶摊放

鲜叶摊放同手工加工工艺。

二、机械加工工艺流程

工艺流程一：长板式扁形茶炒制机杀青理条—摊凉回潮—长板式扁形茶炒制机压扁磨光—摊凉回潮—手工辉锅—整理—收灰与储

藏。适合高档茶炒制。

工艺流程二：长板式扁形茶炒制机杀青理条—摊凉回潮—长板式扁形茶炒制机压扁磨光—摊凉回潮—滚筒型名优茶辉干机辉锅—整理—收灰与储藏。适合中档茶炒制。

工艺流程三：往复式多功能机杀青理条—摊凉回潮—长板式扁形茶炒制机压扁磨光—摊凉回潮—滚筒型名优茶辉干机辉锅—整理—收灰与储藏。适合低档茶炒制。

（一）杀青理条（青锅）

1. 长板式扁形茶炒制机杀青理条

炒制温度：摊青叶下锅时锅底温度应在200～220℃为宜。锅温应先高后低。

投叶量：每锅投摊青叶100～250克，根据鲜叶老嫩度及机械型号作适当调整。

炒制程度：芽叶初具扁平、挺直、软润、色绿一致，茶叶含水率降至35%左右。全程时间为5～6分钟。

作业过程：开启机械，将炒板转至上方，设定温度，加热。

足温后，加入少量炒茶专用油脂，开启炒板转动按钮，炒板转动，均匀投入摊青叶，芽叶随炒板翻炒，当芽叶开始萎瘪、变软，色泽变暗时，开始逐步加压，加压程度主要看炒板以能带起芽叶、又不致使芽叶结块为宜。不得一次性加重压。

锅温应先高后低，第一阶段锅温从摊青叶入锅到芽叶萎软，历时1～1.5分钟；第二阶段是茶叶成形初级阶段，温度比第一阶段低20～30℃，历时1.5～2分钟，到芽叶基本成条、相互不粘手止；第三阶段温度一般在200℃左右，时间为2～3分钟，在此过程中需增加"磨"的动作。

当达到要求后打开出料门出锅。

茶叶炒制结束，放松炒板，使炒板转离锅面，切断电源。

2.往复式多功能机杀青理条

炒制温度:设定温度宜350℃,锅底实际温度宜200~220℃。

投叶量:每槽(工作面为500毫米×130毫米至400毫米×110毫米,下同)投摊青叶50~75克。五槽总投叶量一般为250~400克。根据鲜叶老嫩度及机械型号作适当调整。

青锅程度:色泽转暗,叶质变软,折梗不断,基本成条,清香显露,含水率降至40%~45%。历时1~2分钟。

青锅

作业过程:通电加热,设定温度,开动机器。当锅温升高后,在槽内擦少许制茶专用油,并用清洁的干布擦净,把转速调整到(135±5)转每分。

当温度达到设定温度后,即可下叶,每槽投叶量要均匀。

当达到要求后出锅。

(二)摊凉回潮

同手工炒制工艺。

(三)压扁磨光(炒二青)

一般采用长板式扁形茶炒制机炒制。

炒制温度:下叶时锅底温度应在120~150℃为宜,锅温应从高到低。

投叶量:投杀青叶,每锅100~250克。根据鲜叶老嫩度及机械型号作适当调整。

炒制程度:芽叶呈扁平、挺直、色泽均匀,茶叶含水率降至15%~20%。炒二青全程时间为3~5分钟。

作业过程:开启机械,将炒板转至上方,设定温度,加热。

足温后,开启炒板转动按钮,炒板转动。均匀投入杀青叶,当芽叶受热变软,开始逐步加压,以能带起茶叶、又不致使茶叶结块为宜。不得一次性加重压。

锅温应先高后低,第一阶段锅温应在120~150℃为宜,从青锅叶入锅到茶叶柔软,历时1~1.5分钟;第二阶段是茶叶固形阶段,温度比第一阶段低10~15℃,历时2.5~3.5分钟,到茶叶扁平、挺直基本成形,这一阶段以"压、磨"为主。

二青

当达到要求后,推开前面出料门自动出锅。往复式多功能机杀青的,应适当提高炒二青的温度与延长炒制时间。

茶叶炒制结束,放松炒板,使炒板转离锅面,切断电源。

(四)摊凉回潮

同手工炒制工艺。

(五)辉锅

1. 手工辉锅

同手工炒制工艺。

2. 滚筒型名优茶辉干机辉锅

辉锅温度:设定温度110~130℃(筒壁温度在80~90℃)。

投叶量:视机型确定,一般为二青叶3~5千克。

辉锅程度:形状扁平光滑挺直,茸毛脱落,含水率6.5%以下。辉锅全程时间为15~20分钟。

作业过程:将筒体清理干净,打开加热开关,启动筒体转动开关(正方向),加热到设定的温度(一般需要约10分钟)。

投入茶叶,35~40转每分下炒制4~5分钟,至茶叶受热回软,打开热风开关排出热气。

随时检查筒体内在制茶叶的干燥度与形状,当达到要求时,关闭加热电源。

调节转动开关至筒体反方向转动,导出茶叶,停机。需待机作冷却。

（六）整理

同手工炒制工艺。

（七）收灰与储藏

同手工炒制工艺。

辉锅

第五章
天姥云雾加工工艺

天姥云雾是新昌茶叶区域公用品牌之一，2020年获准注册。天姥云雾经杀青、摊凉、揉捻、初烘、做形、复烘、足焙等工艺加工而成。

干茶　　　　　　　茶汤　　　　　　　叶底

天姥云雾茶品质特征：外形卷曲紧秀，呈盘花状，匀齐，洁净，嫩绿润，香气嫩香持久，滋味鲜爽回甘，汤色嫩绿明亮，叶底嫩绿明亮匀齐。

一、鲜叶要求

每批鲜叶要求达到"嫩、匀、净、鲜"，同批次加工的鲜叶等级应一致。

二、加工流程

鲜叶摊放、杀青、摊凉回潮、揉捻、解块、初烘、二次摊凉、小锅、摊凉、大锅、复烘、足干、整理与拼配。

第五章 天姥云雾加工工艺

（一）鲜叶摊放

鲜叶进场后要及时摊青，防止发热红变，不同的鲜叶按类分开摊放。

摊放方式：鲜叶应在摊放设施上进行，可采取自然摊放或智能化摊放。

摊放

摊放厚度：竹匾摊青一级及以上鲜叶原料摊放 1.5 千克每平方米左右，摊叶厚度控制在 30 毫米以内；三级、四级鲜叶原料一般控制在 40～45 毫米。储青槽摊青在 200～300 毫米。

摊放时间：宜 6～12 小时，掌握"嫩叶长摊，中档叶短摊，低档叶少摊"的原则。摊放过程中，中档、低档叶轻翻 1～2 次，促使鲜叶水分散发均匀和摊放程度一致。

摊放程度：以叶面开始萎缩，叶质由硬变软，叶色由鲜绿转暗绿，清香显露，含水率降至 $(70\pm2)\%$ 为适度。

（二）杀青

杀青温度：使用 50 型滚筒杀青机至 80 型滚筒杀青机。开机空转预热 15～30 分钟，待筒口温度达到 190～200℃时投叶。

滚筒杀青

投叶量：50 型滚筒杀青机台时产量 50～80 千克每小时；80 型滚筒杀青机台时产量 180～220 千克每小时。

杀青时间：依据杀青机的型号而定，宜为 80～180 秒。

杀青程度：以杀青叶折梗不断，叶缘微卷，清香显露，含水量在55%～52%为宜。

在杀青过程中，应使用风扇和鼓风机辅助排湿。

（三）摊凉回潮

从滚筒出来的杀青叶应尽快降温并散发水汽。时间以40～60分钟为宜。程度以茶梗与叶片中的水分重新分布，叶张回软，手握茶叶能成团不刺手为宜。

摊凉回潮

（四）揉捻

杀青叶经摊凉回潮后进行揉捻。投叶量根据机型而定。时间根据原料嫩度不同控制在15～25分钟，压力掌握"先轻后重、逐步加压、轻重交替、最后松压"。

揉捻

（五）解块

揉捻出叶后及时解块，解块在解块机上进行，将茶叶团块散开。

（六）初烘

揉捻叶利用热风烘干机进行初烘，热风温度110～130℃。初烘应"高温、快速、摊薄"，保持叶色翠绿。烘至含水率38%～42%，至初烘叶稍有扎手感时出叶，手握成团、松手即散。

（七）二次摊凉

初烘叶应采用竹匾、篾簟或摊凉平台等专用设施及时摊凉。时间为30~40分钟。以芽叶中的水分重新分布,手捏茶叶感觉软绵为宜。

（八）小锅

用50型双锅曲毫炒干机,投叶量3~4千克,锅体温度80~100℃,大幅快炒。84型珠茶炒干机每锅投叶量8~10千克。

小锅时间为30~45分钟,至含水率15%~18%,细嫩芽叶成卷曲状时出锅。

小锅

（九）摊凉

将小锅后的茶叶及时摊凉,摊凉使用竹匾、篾簟或摊凉平台专用工具。摊凉后的茶叶将同级别的拼在一起。

（十）大锅

50型双锅曲毫炒干机每锅投叶量4~5千克；84型珠茶炒干机每锅投叶量12~15千克。温度较小锅稍低,中幅慢炒。

大锅

大锅时间为30~40分钟,具体根据等级与投叶量而定,至大部分呈卷曲盘花状,含水率8%~10%时出锅。

（十一）复烘

采用热风烘干机,风温95~100℃。摊叶厚度2~3厘米,将含水率降至7.5%及以下。

（十二）足烘（足干）

采用热风烘干机，风温 80～90℃。摊叶厚度 2～3 厘米，将含水率降至 4.5% 及以下。

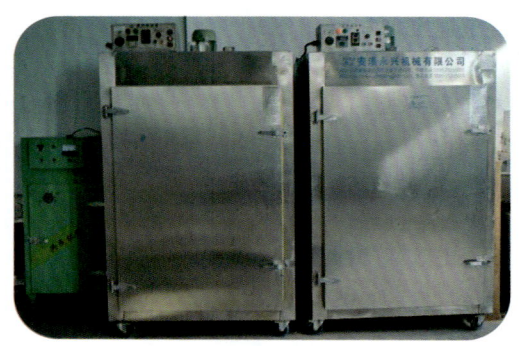

足烘

（十三）整理与拼配

烘干叶应先进行筛分、风选、拣剔，按等级归堆装袋。

第六章 天姥红茶加工工艺

"天姥红"是新昌茶叶区域公用品牌之一，2014年获准注册。天姥红茶为全发酵茶，鲜叶经萎凋、揉捻、发酵、干燥等基本工序制成。

天姥红茶的品质特征：条索紧秀，匀整，金毫显露，色泽乌润；香气花蜜香显；滋味鲜醇甜爽；汤色橙红明亮；叶底细嫩多芽，红匀明亮。深受广大消费者的喜爱。

干茶　　　　　茶汤　　　　　叶底

一、鲜叶原料

宜选用迎霜、鸠坑群体种、浙农117、浙农121和福鼎大白茶等经审（认）定的适宜加工天姥红茶的茶树良种。

二、鲜叶基本要求

芽叶完整，色泽浅绿，匀净、无变红、不含非茶类夹杂物。用于同批次加工的鲜叶，其嫩度、匀度、净度、新鲜度应基本一致。

三、鲜叶管理

鲜叶进厂应分级验收,要求不发热、不红变、不损伤。不同品种、不同嫩度的鲜叶分开,上午采的与下午采的分开,晴天叶与雨(露)水叶分开。

四、加工工艺

工艺流程:萎凋—揉捻—解块—发酵—初烘—摊凉回潮—足干。

(一)萎凋

萎凋室要求清洁卫生、阴凉、空气流通、不受阳光直射,无异味和粉尘。门窗多使用容易开闭的百叶窗,便于空气流通和温湿度。室温控制在20~24℃,相对湿度60%~70%。一般采用室内萎凋、日光萎凋、萎凋槽萎凋。

室内萎凋

1. 室内萎凋

将鲜叶薄摊于萎凋室的摊叶架上(摊叶架一般8~12层,层距30厘米左右),厚度2厘米左右。萎凋温度以15~25℃最适,时间以12~16小时为宜,掌握高温晴天短摊,低温雨天长摊原则。

可在萎凋室内采取安装使用空调、除湿剂等增温除湿设备。如遇低温阴雨、空气潮湿天气,采取空调增温方式,空调温度控制在28℃左右,并注意控制室内各处温度基本一致。

2. 日光萎凋

日光萎凋应与室内自然萎凋相结合,先在弱光下萎凋0.5~1小时(一般春茶在上午9时前,下午4时后进行;夏秋茶上午8时

30 分前，下午 5 时后进行），每 30 分钟翻动一次，多检查，使其萎凋均匀；再及时收回室内自然萎凋，至萎凋适度为止。

日光萎凋

3. 萎凋槽萎凋

将鲜叶摊于萎凋槽内，厚度为 10～14 厘米，"嫩叶薄摊、老叶厚摊"；雨水叶及露水叶薄摊。摊放时要抖散摊平呈蓬松状态，保持厚薄一致。

萎凋槽萎凋

鼓风：采取间断式送风。一般鼓风 1 小时，停止 1～2 小时后再送风。风量大小根据叶层厚薄和叶质柔软程度适当调节，春茶鼓风气流温度控制在 35℃ 左右，最高不超过 38℃，槽体前后温度均匀一致。鼓风温度采用"先高后低"，前期不超过 38℃，随后随着萎凋程度的加浮，温度逐渐降低。下叶前 10～15 分钟停止鼓热风，改为鼓冷风。雨水叶和露水叶应先鼓冷风，吹干叶表水分后再加温。气温在 25℃ 以上，可不必加温，只需鼓风机鼓风即可。

翻抖：要适时进行翻抖，翻抖时，停止鼓风。翻抖动作要轻，以免损伤鲜叶。让上层、下层叶对翻并抖松,增加叶层间通气性,使萎凋均匀。一般约每小时翻抖一次。雨水叶在萎凋前期每30分钟翻抖一次,至表面水基本消失后,改为每小时翻抖一次。时间以4～6小时为宜。

4. 萎凋程度

掌握"嫩叶重萎凋,老叶轻萎凋"的原则。一般春茶萎凋程度宜重,含水量控制在58%～62%,以消除青气青味；夏秋茶宜轻,含水量控制在60%左右,鲜爽度好。感官判定萎凋适度为：叶面失去光泽,叶色暗绿,叶形萎缩,叶质柔软,折梗不断,紧握成团,松手可缓慢松散,青草气减退,有清香。

（二）揉捻

选用40型、45型、55型等揉捻机,嫩叶采用轻压短揉。装叶量以低于揉筒平面1～2厘米为宜。揉捻时间40～45分钟,揉捻加压应掌握"轻—重—轻"的原则,空压揉10～15分钟,轻压揉10～15分钟,中压揉10分钟,最后松压揉5分钟左右。以揉捻叶紧卷成条,茶汁充分揉出而不流失,揉捻叶局部泛红并发出浓烈的青草味,成条率90%以上,为揉捻适度。

揉捻

第六章 天姥红茶加工工艺

（三）解块

将揉捻叶及时投入解块机解块。

（四）发酵

发酵室温度控制在25℃左右为宜，叶温保持在30℃左右为最适。室内相对湿度保持在95%及以上，必要时采取喷雾或洒水等增湿措施，并保持室内新鲜空气流通，以满足发酵过程中需要的氧气，注意避免日光直射。

解块

将揉捻叶放入发酵框内发酵，厚度10厘米左右，遇低温叶堆可增厚，高温时叶堆应变薄。发酵时间一般春茶2~5小时。至发酵叶色泽介于红橙与橙红之间，红中带橙黄，叶脉及汁液泛红；青草气消失，发出花果香时为适度。

发酵

（五）初烘

采用小型连续烘干机或烘焙机进行。初烘温度宜100~110℃，时间10~12分钟，烘至含水率10%~20%，条索收紧，有刺手感为适度。

（六）摊凉回潮

将初烘后的茶叶及时均匀薄摊于竹垫、篾匾或专用摊凉设备中，厚度一般2～3厘米，时间1～2小时。

（七）足干

采用烘笼、烘箱等烘干设备。足干温度70～80℃，慢烘、厚摊。摊叶厚度3～5厘米，加盖，隔30分钟翻拌一次，时间1.5～2小时，烘至含水率不超过6%，茶叶手捻成粉末为适度。出烘摊凉至室温，按质归堆包装好储藏。

烘干

第七章
茶叶感官审评基础

第一节 茶叶感官审评的内容和方法

茶叶感官审评，是指审评人员运用正常的视觉、味觉、嗅觉、触觉等辨别能力，对茶叶产品的外形、汤色、香气、滋味与叶底等品质因子进行综合分析和评价的过程。

一、感官审评的环境条件和器具设备

（一）环境条件

1. 审评室

专供茶叶感官审评的工作室，一般地面要求平坦整洁，采用磨石地面或铺地板、瓷砖，应防滑且利于清扫，色调应浅而柔和，且无光线反射现象；室内墙壁和天花板应选择中性色，以白色或接近白色为宜，可避免影响对茶样颜色的评价；审评室的面积应根据日常工作人数和工作量而定，一般不小于10平方米。

一个规范的茶叶感官审评室，还应该配备样品室和存放设施，以及办公室、更衣室、休息室等，但办公室不得与审评室混用。

（1）光线

审评室内光线应柔和、明亮，无阳光直射、无杂色反射光。利用室外自然光时，前方应无遮挡物、玻璃墙及涂有鲜艳色彩的反射物。开窗面积宜大，使用无色透明玻璃，并保持洁净。有条件的可采用北向斗式采光窗，采光窗高2米，斜度30°，半壁涂以无反射光的黑色油漆，顶部镶以无色透明平板玻璃，向外倾斜3°～5°。

当室内自然光线不足时，可安装可调控的人造光源进行辅助照明。可在干、湿看台上方悬挂一组标准昼光灯管，应使光线均匀、柔和、无投影。也可使用箱型台式人造昼光标准光源观察箱，箱顶部悬挂标准昼光灯管（二管或四管），箱内涂以灰黑色或浅灰色。灯管色温宜为5 000～6 000开尔文，使用人造光源时应注意自然光线的干扰。

审评室内，供操作的干评台工作面照度要求约1 000勒克斯；湿评台工作面照度不低于750勒克斯。

（2）温度

审评室内应配备温度计、湿度计、空调、去湿及通风装置，使室内温度、湿度能够控制。评茶时，室内温度宜保持在15～27℃。

（3）湿度

审评室内的相对湿度一般不高于70%。

（4）声音

评茶期间，审评室内应控制噪声，不超过50分贝。

（5）气味

审评室内应保持无异味。室内的建筑材料和内部设施应易于清洁，不吸附和不散发气味，清洁器具时不得留下气味。审评室周围应无污染气体排放。

2. 审评台

（1）干评台

干评台是用于检验干茶外形的审评台。在审评时也用于放置茶样罐、茶样盘、天平等，台高一般为800～900毫米，宽度为600～750毫米，长度视需要而定，台下可设抽斗。台面为亚光黑色或白色，光洁，无杂异气味。

（2）湿评台

湿评台是开汤审评茶叶内质的审评台。用于放置审评杯、碗、

第七章 茶叶感官审评基础

汤碗、汤匙、定时器等，供审评茶叶汤色、香气、滋味和叶底用。台高一般为750~800毫米，宽度为450~500毫米，长度可视需要而定。台面一般为亚光白色（也有黑色），应不渗水，沸水溢于台面不留斑纹，无杂异气味。

（二）常用审评器具

审评室内应配备可满足需要的评茶用具，包括审评杯、碗、茶样盘、叶底盘、汤碗、汤匙以及电茶壶（烧水壶）、样茶橱、定时器、天平、审评记录表等。

常用审评器具

1. 审评杯、碗

审评杯用于开汤冲泡茶叶及审评香气，为特制白色圆柱形瓷杯，杯盖有小孔，在杯柄对面杯口上有齿形或弧形缺口，容量为150毫升。乌龙茶审评杯为钟形带盖的白色瓷盏，容量为110毫升。由于速溶茶需审评茶样的溶解状况，通常

审评杯、碗

使用透明玻璃器皿进行冲泡，如带有刻度的烧杯等，要求器皿容积不得小于200毫升。审评碗用于审评汤色和滋味。通用的审评碗为白色瓷碗，碗口稍大于碗底，精制茶审评碗容量一般为240毫升。

乌龙茶审评碗的容量为 160 毫升。审评杯、碗应配套使用，用于审评精制茶和毛茶的杯、碗若规格不一，则不能交叉匹配使用。

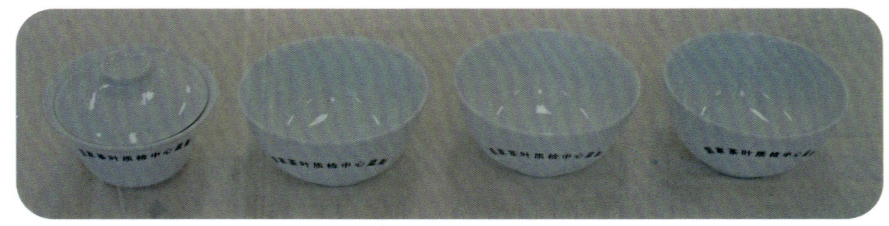

乌龙茶审评杯、碗

2. 茶样盘

茶样盘也称样盘、审评盘，是用于盛装茶样供审评外形的木盘。茶样盘呈正方形，用无气味的材料制成，涂成白色，盘的一角有倾斜形缺口。茶样盘外围边长 230 毫米，边高 33 毫米。

此外，审评室还应配备供拼配茶样和分样使用的分样盘，用无气味的材料制成，涂成白色，其内围

茶样盘

边长 320 毫米，边高 35 毫米，在盘的一对对角处分别开一个缺口。

3. 叶底盘

叶底盘是用于审评叶底的器具，为木质方形小盘，边长 100 毫米，边高 15 毫米，漆成黑色。目前也常将长方形白色搪瓷盘或塑料盘用于审评叶底。

4. 天平

天平为称量内质审评用茶样的衡器，要求精确到 0.1 克，可使用托盘天平或电子天平。

5. 水壶

用于制备沸水的可加热水壶，壶口宜大而尖，以铝质或不锈钢材质的为好，应清洁且无异味，以免影响审评茶叶的色泽与风味。

6. 计时器

常规使用的是可预定自动响铃的定时钟（器）或沙时器，精确到秒。

7. 其他

茶匙，是用于取茶汤品评滋味的白色瓷匙或钢匙，容量约10毫升。

网匙，用于捞取审评碗中茶汤内的碎片茶末，用60目左右细密的不锈钢或尼龙丝网制作。不宜用铜丝网，以免产生铜腥味。

刻度尺，用于测量紧压茶外形规格，刻度精确到毫米。

二、感官审评的内容和方法

一杯好茶带来的美好体验，直接来自茶叶的色香味形。审评茶叶的品质，就是去了解茶叶色香味形的组成和表现。不同的国家和地区虽然对审评结果的侧重有所不同，但茶叶感官审评的内容和方法仍然是统一的，都是立足于茶叶的色香味形表现来确定审评的内容，即审评项目。

（一）审评项目

茶叶感官审评的项目，目前已根据标准实现统一，按照操作的过程，分为外形、汤色、香气、滋味和叶底。针对不同的茶类和产品，五个审评项目的侧重点会有所不同，反映的是对茶叶品质的贡献度各有侧重。

1. 外形

茶叶外形审评其形状、嫩度、色泽、整碎和净度。形状是指茶叶产品的造型、大小、粗细、宽窄、长短等；嫩度是指茶叶原料的

成熟程度，茶叶形状的大小取决于茶树品种和原料的嫩度；色泽是指干茶表面颜色的深浅程度，干茶的光泽度反映茶叶的新鲜程度；整碎度是指茶叶的完整程度；净度是指茶叶的洁净程度，包括茶类夹杂物和非茶类夹杂物，净度好的茶叶不含任何夹杂物。

紧压茶审评其形状规格、松紧度、匀整度、表面光洁度和色泽。分里、面茶的紧压茶，审评是否起层脱面，包心是否外露等。茯砖加评"金花"是否茂盛、均匀及颗粒大小。

2. 汤色

汤色审评其颜色种类与色度、明暗度和清浊度等。汤色是茶叶中所含的各种水溶性物质，溶解于沸水而反应出来的色泽。汤色的审评内容体现了加工工艺的水平、产品的新鲜程度和采制环节的精细度。

3. 香气

香气审评其类型、浓度、纯度、持久性。不同茶类的香气各有特点，主要的表现就是香型各异，这既与工艺直接相关，也有品种、地域的因素。

茶叶香气对品质的影响极大。但是因为香气成分众多的特点，人们往往会将对茶香的感受表述成一类气味感受或数种气味的结合。由于各地茶叶生产方式不一，饮用习俗不同，对不同茶类香气品质的要求也会不同，例如香气表现的"新"和"陈"，在不同茶类中就会有截然不同，甚至是相反的品质评价。

4. 滋味

滋味审评其浓淡、厚薄、醇涩、纯异和鲜钝等多个方面。随着人们对茶叶质量理解的加深，品质首先重视滋味已成为共识。

茶叶的滋味，是数十种可溶解于水的无机物和有机物相互影响、共同作用于口腔而产生的。这些物质溶解在茶汤中，入口后分别形成鲜、甜、苦、酸、涩等味觉和刺激感，进而共同形成了茶汤的综合滋味。

5.叶底

叶底审评其嫩度、色泽、明暗度和匀整度（包括嫩度的匀整度和色泽的匀整度）。通过审评叶底，可以很好地进行品质分析和工艺溯源。

（二）审评方法

通用的茶叶感官审评方法是取待审评的茶样150～200克放入茶样盘中，评其外形。随后从样盘中撮取3.0克茶放入150毫升审评杯内，再用沸水冲至杯满，立即加盖浸泡5分钟（绿茶4分钟，颗粒形乌龙茶6分钟），随后将茶汤沥入审评碗内，评其汤色，并闻杯内香气。待汤色、香气审评完毕，再用茶匙取近1/2匙茶汤入口评滋味，一般尝味1～2次。最后将杯内茶渣倒入叶底盘中，审评叶底品质。整个评茶操作流程：取样—评外形—称样—冲泡—沥茶汤—评汤色—闻香气—尝滋味—看叶底，对其中的每一审评项目均应写出评语，需要时加以评分。

1.取样方法

（1）匀堆取样法

将该批茶叶拌匀成堆，然后从堆的各个部位分别扦取样茶，扦样点不得少于八点。

（2）就件取样法

从每件上、中、下、左、右五个部位各扦取一把小样置于扦样匾（盘）中，并查看样品间品质是否一致。若单件的上、中、下、左、右五个部位样品差异明显，应将该件茶叶倒出，充分拌匀后，再扦取样品。

（3）随机取样法

按GB/T 8302—2013《茶 取样》规定的抽取件数随机抽件，再按就件扦取法扦取。

上述各种方法均应将扦取的原始样茶充分拌匀后,用分样器或对角四分法扦取100~200克两份作为审评用样,其中一份直接用于审评,另一份留存备用。

2. 外形审评方法

将缩分后的有代表性的茶样100~200克,置于评茶盘中,双手握住茶盘对角,用回旋筛转法,使茶样按粗细、长短、大小、整碎顺序分层并顺势收于评茶盘中间呈圆馒头形,根据上层(也称面张、上段)、中层(也称中段、中档)、下层(也称下段、下脚),用目测、手感等方法,通过翻动茶叶、调换位置,反复查看比较外形的形状、嫩度、色泽、整碎、净度等方面。

精制茶按上述外形审评方法,用目测审评面张茶后,审评人员双手握住评茶盘,用"簸"的手法,让茶叶在评茶盘中从内向外按形态呈现从大到小的排布,分出上档、中档、下档,然后目测审评。

把盘

3. 内质审评方法

(1)开汤

俗称泡茶或沏茶,为湿评内质的第一个步骤。先将茶盘中茶样充分拌匀后,称取茶样3克,置于150毫升的审评杯中,用沸水冲泡,时间到后倒出茶汤,将杯中残余茶水就完全沥尽。然后看汤色、闻香气、尝滋味、评叶底。

第七章 茶叶感官审评基础

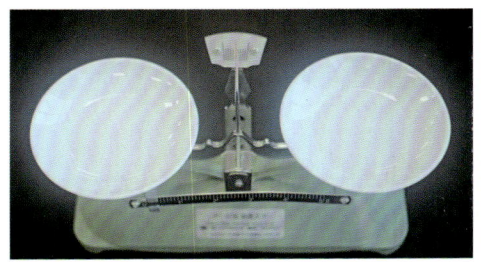

天平较准

取茶

称样

置茶

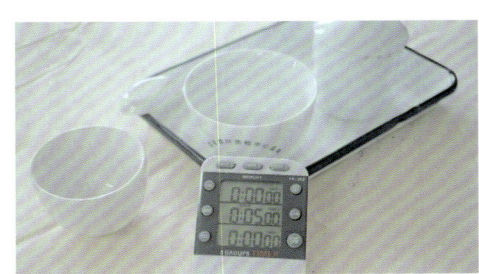

调时

沸水冲泡

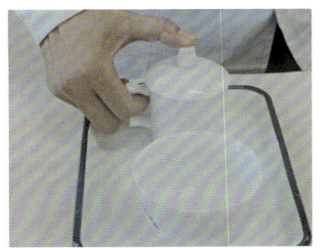

执杯

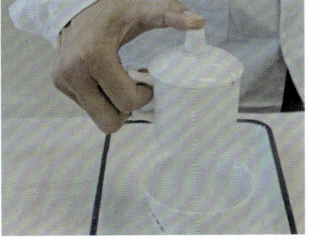

沥汤（一）

沥汤（二）

(2)汤色审评方法

汤色靠视觉来审评。根据汤色其颜色种类与色度、明暗度和清浊度等的审评内容，目测审评茶汤，应注意光线、评茶用具等的影响，可调换审评碗的位置以减少环境光线对汤色的影响。

审评茶汤要及时，因为茶汤中的成分与空气接触后很容易发生变化。

(3)香气审评方法

香气依靠嗅觉来辨别。闻香气时应一手

汤色审评

持杯，另一手持盖，靠近鼻孔，半开杯盖，嗅评杯中香气，每次持续2~3秒，后随即合上杯盖。可反复1~2次。并根据香气的审评内容，从其类型、浓度、纯度、持久性等方面综合判断香气的质量。并热嗅（杯温约75℃）、温嗅（杯温约45℃）、冷嗅（杯温接近室温）结合进行。

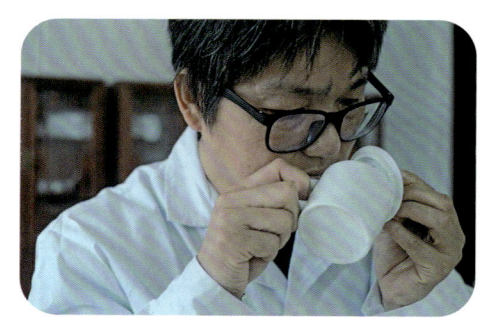

香气审评

审评茶叶香气时，还需注意排除外界的干扰，如抽烟、擦香脂、用香皂等均会影响审评香气的准确性。

(4)滋味审评方法

滋味由味觉器官来区别。审评滋味适宜的茶汤温度为50℃。审

第七章 茶叶感官审评基础

评滋味时，用茶匙取适量（5毫升）茶汤于口内，通过吸吮使茶汤在口腔内循环打转，接触舌头各部位，吐出茶汤或咽下，根据滋味的审评内容，从其浓淡、厚薄、醇涩、纯异和鲜钝等方面综合审评滋味。

滋味审评

（5）叶底审评方法

主要靠视觉和触觉来判别。审评叶底时，将杯中的茶叶全部拨入翻转的审评杯盖内，将杯盖置于审评杯上，审评叶底；或将茶叶全部倒入叶底盘中，其中白色搪瓷叶底盘中要加入适量清水，让叶底漂浮起来。用目测、手感等方法审评叶底。

叶底审评（一）　　叶底审评（二）

（三）评判方法和目的

尽管茶叶感官审评的操作程序通过标准进行了统一，但在审评结果的应用上，由于目的不同，也存在不同的评判方法。

1.级别判定

对照一组标准样品，比较未知样品与标准样品之间某一级别在外形和内质的相符程度（或差距）。首先，对照一组标准样品的外形，从外形的形状、嫩度、色泽、整碎和净度五个方面综合判定未

知样品等于或约等于标准样品中的某一级别,即定为该未知样品的外形级别;然后从内质的汤色、香气、滋味与叶底四个方面综合判定未知样品等于或约等于标准样中的某一级别,即定为该未知样品的内质级别。样品的最终级别由外形与内质的判定级别相加再平均确定。

2. 合格判定

茶叶的合格判定,首先,以成交样或标准样相应等级的色、香、味、形的品质要求为水平依据,按规定的审评因子,即形状、整碎、净度、色泽、汤色、香气、滋味和叶底的审评方法,将审评样对照标准样或成交样逐项对比审评,各审评因子按七档制评分方法(表7.1)进行评分。随后,将各因子的得分相加,获得茶样的总分。在进行判定时,任何单一审评因子中得-3分者或总得分≤-3分者,判该样品为不合格。

表7.1 七档制评分方法

七档	评分	说明
高	3	差异大,明显好于标准样
较高	2	差异较大,好于标准样
稍高	1	仔细辨别才能区分,稍好于标准样
相当	0	标准样或成交样的水平
稍低	-1	仔细辨别才能区分,稍差于标准样
较低	-2	差异较大,差于标准样
低	-3	差异大,明显差于标准样

3. 品质排序

进行茶叶品质顺序排列的样品应在两只(含两只)以上。评分前,需对茶样进行分类、密码编号,审评人员应在不了解茶样来源、密码的条件下进行盲评。根据审评知识与品质标准,审评人员对外形、汤色、香气、滋味和叶底五个审评项目,采用百分制,在公平、公正条件下给每个茶样每项因子进行评分,并加注评语,评语引用GB/T 14487—2017《茶叶感官审评术语》。再将单项因子的得分与该因子评分系数(见各类茶审评因子评分系数表)相乘,并将各个乘积值相加,即为该茶样审评的总分,依照总分的高低,完成对不同茶样品质的排序。如遇分数相同者,则按"滋味—外形—香气—汤色—叶底"的次序比较单一因子得分的高低,高者居前。不同茶类的评分系数由GB/T 23776—2018《茶叶感官审评方法》设定(表7.2)。

表7.2 各类茶审评因子评分系数　　　　　　　　　　单位:%

茶类	外形	汤色	香气	滋味	叶底
绿茶	25	10	25	30	10
工夫红茶(小种红茶)	25	10	25	30	10
(红)碎茶	20	10	30	30	10
乌龙茶	20	5	30	35	10
黑茶(散茶)	20	15	25	30	10
紧压茶	20	10	30	35	5
白茶	25	10	25	30	10
黄茶	25	10	25	30	10
花茶	20	5	35	30	10
袋泡茶	10	20	30	30	10
粉茶	10	20	35	35	0

(四)各类茶的茶叶感官审评方法

1. 红茶、绿茶、黄茶、白茶、乌龙茶(柱形杯审评法)

取有代表性的茶样3.0克或5.0克,茶水比(质量体积比)1∶50,置于相应的评茶杯中,注满沸水、加盖、计时,按下表选择冲泡时间,依次等速滤出茶汤,留叶底于杯中,按汤色、香气、滋味、叶底的顺序逐项审评(表7.3)。

表 7.3　各类茶冲泡时间

茶类	冲泡时间/分钟
绿茶	4
红茶	5
乌龙茶（条型、卷曲型）	5
乌龙茶（圆结型、卷曲型、颗粒型）	6
白茶	5
黄茶	5

2. 乌龙茶（盖碗审评法）

沸水烫热评茶杯、碗，称取有代表性茶样 5.0 克，置于 110 毫升倒钟形评茶杯中，快速注满沸水，用杯盖刮去液面泡沫，加盖。1 分钟后，揭盖嗅其盖香，评茶叶香气，至 2 分钟沥茶汤入评茶碗中，评汤色和滋味。接着第二次冲泡，加盖，1～2 分钟后，揭盖嗅其盖香，评茶叶香气，至 3 分钟沥茶汤入评茶碗中，再评汤色和滋味。第三次冲泡，加盖，2～3 分钟后，评香气，至 5 分钟沥茶汤入评茶碗中，评汤色和滋味。最后闻嗅叶底香，并倒入叶底盘中，审评叶底。结果以第二次冲泡为主要依据，综合第一次、第三次，统筹评判。

3. 黑茶（散茶）（柱形杯审评法）

取有代表性茶样 3.0 克或 5.0 克，茶水比（质量体积比）1∶50，置于相应的审评杯中，注满沸水，加盖浸泡 2 分钟，按冲泡次序依次等速将茶汤沥入评茶碗中，审评汤色、嗅杯中叶底香气、尝滋味后，进行第二次冲泡，时间 5 分钟，沥出茶汤依次审评汤色、香气、滋味、叶底。结果汤色以第一泡为主评判，香气、滋味以第二泡为主评判。

4. 紧压茶（柱形杯审评法）

称取有代表性的茶样 3.0 克或 5.0 克，茶水比（质量体积比）

1∶50，置于相应的审评杯中，注满沸水，依紧压程度加盖浸泡2～5分钟，按冲泡次序依次等速将茶汤沥入评茶碗中，审评汤色、嗅杯中叶底香气、尝滋味后，进行第二次冲泡，时间5～8分钟，沥出茶汤依次审评汤色、香气、滋味、叶底。结果以第二泡为主，综合第一泡进行评判。

5.花茶（柱形杯审评法）

拣除茶样中的花瓣、花萼、花蒂等花类夹杂物，称取有代表性茶样3.0克，置于150毫升精制茶评茶杯中，注满沸水，加盖浸泡3分钟，按冲泡次序依次等速将茶汤沥入评茶碗中，审评汤色、香气（鲜灵度和纯度）、滋味；第二次冲泡5分钟，沥出茶汤，依次审评汤色、香气（浓度和持久性）、滋味、叶底。结果两次冲泡综合评判。

6.袋泡茶（柱形杯审评法）

取一茶袋置于150毫升评茶杯中，注满沸水，加盖浸泡3分钟后揭盖上下提动袋茶两次（两次提动间隔1分钟），提动后随即盖上杯盖，至5分钟沥茶汤入评茶碗中，依次审评汤色、香气、滋味和叶底。叶底审评茶袋冲泡后的完整性。

7.粉茶（柱形杯审评法）

取0.6克茶样置于240毫升的评茶碗中，用150毫升的审评杯注入150毫升的水，定时3分钟并茶筅搅拌，依次审评其汤色、香气与滋味。

三、六大茶类品质优劣的基本表现

（一）绿茶

名优绿茶的制作方法很多，生产者也力求在加工中体现出独到之处。名优绿茶的规格品质通常由相应的国家、行业、地方或企业产品标准予以规定，但品质特点的共同之处是：造型富有特色，色泽绿润鲜明，匀整；汤色绿明亮，香气高长新鲜；滋味鲜醇；叶底匀齐，芽叶完整，规格一致。其品质缺陷一般则表现为：外形规格混乱，形态、色泽不一，花杂而深暗；汤色黄暗而浑浊；香气平淡、熟闷、欠纯；滋味欠缺协调和细腻感；叶底完整性、均匀性、明亮感差。详见表7.4。

表7.4 绿茶品质评语与各品质因子评分

因子	级别	品质特征	给分	评分系数/%
外形	甲	以单芽或一芽一叶初展到一芽二叶为原料，造型有特色，色泽嫩绿或翠绿或深绿或鲜绿，油润，匀整，净度好	90~99	25
	乙	较嫩，以一芽二叶为主要原料，造型较有特色，色泽墨绿或黄绿或青绿，较油润，尚匀整，净度较好	80~89	
	丙	嫩度稍低，造型特色不明显，色泽暗褐或陈灰或灰绿或偏黄，较匀整，净度尚好	70~79	
汤色	甲	嫩绿明亮或绿明亮	90~99	10
	乙	尚绿明亮或黄绿明亮	80~89	
	丙	深黄或黄绿欠亮或浑浊	70~79	
香气	甲	高爽有栗香或有嫩香或带花香	90~99	25
	乙	清香，尚高爽，火工香	80~89	
	丙	尚纯，熟闷，老火	70~79	
滋味	甲	甘鲜或鲜醇，醇厚鲜爽，浓醇鲜爽	90~99	30
	乙	清爽，浓尚醇，尚醇厚	80~89	
	丙	尚醇，浓涩，青涩	70~79	
叶底	甲	嫩匀多芽，较嫩绿明亮，匀齐	90~99	10
	乙	嫩匀有芽，绿明亮，尚匀齐	80~89	
	丙	尚嫩，黄绿，欠匀齐	70~79	

（二）红茶

我国的红茶包括工夫红茶、小种红茶和红碎茶。工夫红茶品类多、产地广，其品质特点是：色泽棕褐至乌润，外形紧结，或细秀，或肥壮，或显露金毫；汤色从金黄明亮至红艳；香气浓郁，可显花果甜香；滋味浓醇回甘；叶底柔软，红匀明亮。小种红茶具有特有的松烟香，外形紧结圆直，色泽乌润；香高持久，微带松烟香；汤色红明；滋味甜醇回甘，具桂圆汤和蜜枣味。红碎茶，虽然外形都呈颗粒状，但由于品种不同，品质有一定差异。而红茶的品质缺陷一般则表现为：外形规格混乱，形态、色泽不一；汤色深暗、浑浊；香气平淡、熟闷、青、粗、欠纯；滋味苦涩、陈闷、欠浓醇；叶底完整性、均匀性、明亮感差。详见表7.5。

表7.5 工夫红茶品质评语与各品质因子评分

因子	级别	品质特征	给分	评分系数/%
外形	甲	细紧或紧结或壮结，露毫有锋苗，色乌黑油润或棕褐油润显金毫，匀整，净度好	90~99	25
	乙	较细紧或较紧结较乌润，匀整，净度较好	80~89	
	丙	紧实或壮实，尚乌润，尚匀整，净度尚好	70~79	
汤色	甲	橙红明亮或红明亮	90~99	10
	乙	尚红亮	80~89	
	丙	尚红欠亮	70~79	
香气	甲	嫩香，嫩甜香，花果香	90~99	25
	乙	高，有甜香	80~89	
	丙	纯正	70~79	
滋味	甲	鲜醇或甘醇或醇厚鲜爽	90~99	30
	乙	醇厚	80~89	
	丙	尚醇	70~79	
叶底	甲	细嫩（或肥嫩）多芽或有芽，红明亮	90~99	10
	乙	嫩软，略有芽，红尚亮	80~89	
	丙	尚嫩，多筋，尚红亮	70~79	

（三）乌龙茶

乌龙茶属于半发酵茶，因其外形色泽青褐，因此也称"青茶"。各种乌龙茶的制作工艺大同小异，其品质特征主要是在做青过程中形成的。因产地不同，乌龙茶的特征有一定差异。闽北与广东乌龙茶加工工艺基本相似，重晒青，重摇青，没有包揉做形工艺。闽南乌龙晒青、摇青相对较轻，有包揉做形工艺。乌龙茶优良的品质特点是：外形紧实、色润；汤色明亮；花蜜香愉悦，幽长、天然；滋味醇爽甘滑，韵味持久；叶底厚软明亮。其品质缺陷表现为：外形枯松；汤色深暗；香气粗、陈；滋味酸、涩、粗、苦；叶底粗硬断碎。详见表7.6。

表7.6　乌龙茶品质评语与各品质因子评分表

因子	级别	品质特征	给分	评分系数/%
外形	甲	重实、紧结，品种特征或地域特征明显，色泽油润，匀整，净度好	90~99	20
	乙	较重实，较壮结，有品种特征或地域特征，色润，较匀整，净度尚好	80~89	
	丙	尚紧实或尚壮实，带有黄片或黄头，色欠润，欠匀整，净度稍差	70~79	
汤色	甲	色度因加工工艺而定，可从蜜黄加深到橙红，但要求清澈明亮	90~99	5
	乙	色度因加工工艺而定，较明亮	80~89	
	丙	色度因加工工艺而定，多沉淀，欠亮	70~79	
香气	甲	品种特征或地域特征明显，花香、花果香浓郁，香气优雅纯正	90~99	30
	乙	品种特征或地域特征尚明显，有花香或花果香，但浓郁与纯正性稍差	80~89	
	丙	花香或花果香不明显，略带粗气或老火香	70~79	

表 7.6（续）

因子	级别	品质特征	给分	评分系数/%
滋味	甲	浓厚甘醇或醇厚滑爽	90～99	
	乙	浓醇较爽，尚醇厚滑爽	80～89	35
	丙	浓尚醇，略有粗糙感	70～79	
叶底	甲	叶质肥厚软亮做青好	90～99	
	乙	叶质较软亮，做青较好	80～89	10
	丙	稍硬，青暗，做青一般	70～79	

（四）黑茶

黑茶产品种类因产地、原料状况、制作方法而异，品质表现差异较大。

黑茶的散茶外形以条索紧卷、圆直为上，松扁、皱折、轻飘为下，色泽以油黑为上，花黄绿色或铁板色为差；汤色以橙黄明亮好，清淡混浊者差；香气以陈纯为佳，出现杂异气味为差；滋味以微涩后甜为好，粗淡苦涩为差；叶底以颜色黄褐、叶底一致、叶张开展、无乌暗条为好，红绿色和红叶花边为差。

紧压黑茶的外形要求是造型周正、厚薄一致，黑砖、青砖、米砖、花砖越紧越好，茯砖、饼茶、沱茶松紧要适度，茯砖的"发花"状况以金花茂盛、普遍、颗粒大的为好。外形色泽，金尖要求猪肝色，紧茶要求乌黑油润，饼茶要求黑褐色油润，茯砖要求黄褐色，康砖要求棕褐色；内质汤色方面，花砖、紧茶呈橘黄色，沱茶为橙黄明亮，方包为深红色，康砖、茯砖以橙黄或橙红为正常，金尖以红带褐为正常；紧压黑茶香气强调陈纯，部分茶允许有烟气，但米砖、青砖有烟味是缺点；紧压黑茶滋味以陈醇为特征，有青、涩、杂、霉味为差；部分黑茶的叶底允许有一定比例的茶梗。详见表7.7和表7.8。

表7.7 黑茶（散茶）品质评语与各品质因子评分

因子	级别	品质特征	给分	评分系数/%
外形	甲	肥硕或壮结，或显毫，形态美，色泽油润，匀整，净度好	90～99	20
外形	乙	尚壮结或较紧结，有毫，色泽尚匀润，较匀整，净度较好	80～89	20
外形	丙	壮实或紧实或粗实，尚匀净	70～79	20
汤色	甲	根据后发酵的程度可有红浓、橙红、橙黄色，明亮	90～99	15
汤色	乙	根据后发酵的程度可有红浓、橙红、橙黄色，尚明亮	80～89	15
汤色	丙	红浓暗或深黄或黄绿欠亮或浑浊	70～79	15
香气	甲	香气纯正，无杂气味，香高爽	90～99	25
香气	乙	香气较高尚纯正，无杂气味	80～89	25
香气	丙	尚纯	70～79	25
滋味	甲	醇厚，回味甘爽	90～99	30
滋味	乙	较醇厚	80～89	30
滋味	丙	尚醇	70～79	30
叶底	甲	嫩匀多芽，明亮，匀齐	90～99	10
叶底	乙	尚嫩匀，略有芽，明亮，尚匀齐	80～89	10
叶底	丙	尚柔软，尚明，欠匀齐	70～79	10

表7.8 紧压茶品质评语与各品质因子评分

因子	级别	品质特征	给分	评分系数/%
外形	甲	形状完全符合规格要求，松紧度适中表面平整	90～99	20
外形	乙	形状符合规格要求，松紧度适中表面尚平整	80～89	20
外形	丙	形状基本符合规格要求，松紧度较适合	70～79	20

表 7.8（续）

因子	级别	品质特征	给分	评分系数/%
汤色	甲	色泽依茶类不同，明亮	90～99	10
	乙	色泽依茶类不同，尚明亮	80～89	
	丙	色泽依茶类不同，欠亮或浑浊	70～79	
香气	甲	香气纯正，高爽，无杂异气味	90～99	30
	乙	香气尚纯正，无异杂气味	80～89	
	丙	香气尚纯，有烟气、微粗等	70～79	
滋味	甲	醇厚，有回味	90～99	35
	乙	醇厚	80～89	
	丙	尚醇和	70～79	
叶底	甲	黄褐或黑褐，匀齐	90～99	5
	乙	黄褐或黑褐，尚匀齐	80～89	
	丙	黄褐或黑褐，欠匀齐	70～79	

（五）白茶

白茶是我国的特产，属于微发酵茶，多以细嫩的大白茶芽叶为原料，成茶因白毫披覆而呈白色。白茶经萎凋、干燥二道工序加工完成，在初制加工中不炒不揉，只晾晒或结合烘干，以保持茶叶之原形。白茶有芽茶和叶茶之分，传统白茶"以白为贵"。优质白茶的品质特点是：色泽银白，茶芽壮实；汤色浅亮；毫香持久；滋味清甜醇和；叶底完整。白茶常见的品质缺陷表现为：色泽深暗；香气生青、有发酵气或熟闷；滋味青涩、钝熟；芽叶断碎。而市场中出现的"老白茶"，本质上是以"陈醇"为香气、滋味特点的另一类产品。详见表 7.9。

表 7.9 白茶品质评语与各品质因子评分

因子	级别	品质特征	给分	评分系数/%
外形	甲	以单芽到一芽二叶初展为原料,芽毫肥壮,造型美、有特色,白毫显露,匀整,净度好	90~99	25
	乙	以单芽到一芽二叶初展为原料,芽较瘦小,较有特色,色泽银绿较鲜活,白毫显,较匀整,净度尚好	80~89	
	丙	嫩度较低,造型特色不明显,色泽暗褐或红褐,较匀整,净度尚好	70~79	
汤色	甲	杏黄、嫩黄明亮,浅白明亮	90~99	10
	乙	尚绿黄明亮或黄绿明亮	80~89	
	丙	深黄或泛红或浑浊	70~79	
香气	甲	嫩香或清香,毫香显	90~99	25
	乙	清香,尚有毫香	80~89	
	丙	尚纯,或有酵气或有青气	70~79	
滋味	甲	毫味明显,甘和鲜爽或甘鲜	90~99	30
	乙	醇厚较鲜爽	80~89	
	丙	尚醇,浓稍涩,青涩	70~79	
叶底	甲	全芽或一芽一、二叶,软嫩灰绿明亮、匀齐	90~99	10
	乙	尚软嫩匀,尚灰绿明亮,尚匀齐	80~89	
	丙	尚嫩,黄绿有红叶,欠匀齐	70~79	

(六)黄茶

黄茶加工中独特的"闷黄"工艺造就了其"黄叶、黄汤、黄底"的特殊品质。黄茶的特征主要表现为:外形扁直或卷曲,色泽黄润,匀整显毫;汤色浅黄明亮;香气以嫩玉米香、嫩香、毫香、花果香、焦香为佳,要求香气高且持久;滋味以甘醇爽口、醇厚为特色;叶底黄明。

需要注意的是,色泽显黄是黄茶产品正常的表现,黄茶不是黄叶绿茶,更不是陈化的绿茶。详见表 7.10。

表 7.10　黄茶品质评语与各品质因子评分

因子	级别	品质特征	给分	评分系数/%
外形	甲	细嫩，以单芽到一芽二叶初展为原料，造型美、有特色，色泽嫩黄或金黄，油润，匀整，净度好	90~99	25
	乙	较细嫩，造型较有特色，色泽褐黄或绿带黄，较油润，尚匀整，净度较好	80~89	
	丙	嫩度稍低，造型特色不明显，色泽暗褐或深黄，欠匀整，净度尚好	70~79	
汤色	甲	嫩黄明亮	90~99	10
	乙	尚黄明亮或黄明亮	80~89	
	丙	深黄或绿黄欠亮或浑浊	70~79	
香气	甲	嫩香或嫩栗香，有甜香	90~99	25
	乙	高爽，较高爽	80~89	
	丙	尚纯，熟闷，老火	70~79	
滋味	甲	醇厚甘爽，醇爽	90~99	30
	乙	浓厚或尚醇厚，较爽	80~89	
	丙	尚醇或浓涩	70~79	
叶底	甲	细嫩多芽或嫩厚多芽，嫩黄明亮、匀齐	90~99	10
	乙	嫩匀有芽，黄明亮、尚匀齐	80~89	
	丙	尚嫩，黄尚明、欠匀齐	70~79	

第二节　生活用茶的选购与储藏

随着人们生活水平的提高和对美好生活的追求，越来越多的人选择茶叶这一健康且具备文化属性的饮料作为饮品。如何选购和储藏茶叶，是大家十分关心的问题。本节将从茶叶的选购、影响茶叶品质变化的因素、茶叶储藏保鲜技术三个方面进行阐述。

一、茶叶的选购

面对众多的茶叶生产企业、品牌和茶叶产品，如何选购到高质量且适合自己的茶叶，这是一门学问。在选购茶叶时，一般可按流程有目的地选择所购茶叶种类，然后通过茶叶的标签信息、茶叶品质表现最终选定茶叶。

（一）茶叶的选购流程

选购茶叶的一般流程：首先要确定购买的茶类，其次确定产地和品牌，最后根据合适的价格去确定要选购的茶叶。即选择茶类—选择产地—选择品牌—选择合适的价位。

我国茶叶不仅产量大，品类也极其丰富，市场上的茶叶种类繁多、琳琅满目。有人偏爱绿茶的鲜醇甘爽，有人偏爱红茶的香浓甜醇，有人偏爱乌龙茶的馥郁花香，有人偏爱黑茶的独特陈香……对于新手来说，第一步要先根据各个茶类不同的风味特征和个人偏好，确定选择哪一茶类；当茶类确定下来后，可进一步选择某一产地的茶叶，同一类茶、不同产地的茶叶品质特征不尽相同，尤其是名优绿茶，产地分布广、品种多，风味具有较大差异，确定产地后则可以选择茶叶品种（茶名）和品牌，例如安徽的绿茶就可以选择黄山毛峰、太平猴魁等历史名茶；最后考虑茶叶的定价，选购符合心理价位的茶叶。

（二）茶叶的选购方法

在茶叶选购过程中，消费者可通过观察茶叶的标签信息、鉴别茶叶品质优劣等方式来进行选择，前者是为了购买到安全、合格的茶叶，后者则是可以选购到优质、满意的茶叶，两种方法相互配合、相互补充。另外，消费者选购茶叶时还需要掌握新茶和陈茶的识别方法。

1. 根据产品标签进行选购

标签是随着茶叶出售赋予茶叶包装容器或茶叶本身的一种标志。标签为茶叶的选购带来了极大的方便。产品包装上的标签标识应齐全,选购者可通过茶叶名称、级别、生产日期了解茶叶的基本信息,通过质量安全标志(SC编号、绿色食品认证、有机食品认证等)判断茶叶的质量安全性高低。

另外,尽可能选择规模较大、产品质量和服务质量较好的知名企业的产品。一般情况下,规模较大的生产企业对原材料的质量控制较严,生产设备更先进,企业管理水平较高,产品质量和稳定性也更加有所保障。

2. 根据茶叶的品质表现进行选购

根据茶叶的品质表现进行选购,需要消费者了解一定的茶叶感官审评基础知识。一般情况下,鉴别茶叶品质的优劣可通过干看外形和湿评内质两个方面进行。

(1)干看外形

观察茶叶的匀整度以及茶叶条索的松紧度,茶条完整、匀齐、紧结壮实的为佳,茶梗、叶柄等杂质越少越好,色泽以鲜活油润为好,色泽枯暗为差。

(2)湿评内质

闻香气:香气以馥郁、鲜爽持久为佳,香气低、带粗气为差。若有烟、焦、老火等气味,则为次品茶。

尝滋味:辨茶汤滋味的浓淡、厚薄、醇涩、纯异、鲜钝等。茶汤以入口微苦,回味甘甜为好,以味苦涩为差。

看汤色:一般茶汤颜色会因茶类不同有较大差别,绿茶汤色以嫩绿明亮、杏绿明亮为好,红茶以红艳明亮为佳。

3. 陈茶和新茶的识别方法

六大茶类的茶叶对于新鲜度的讲究各不相同。绿茶是最讲求新

鲜度的茶叶，而后发酵的黑茶则恰恰需要陈化来达到其应有的风味特征。对于讲求新鲜度的茶叶来说，刚制好的新茶一般都具有新鲜油润的色泽和浓郁高长的新茶香，随着时间推移，茶叶中的内含物质会发生变化，导致茶叶品质也发生变化。

以绿茶为例，随着储存时间渐长，茶叶中多酚类、氨基酸、维生素 C 不断氧化，以及叶绿素在光热作用下不断分解，绿茶的外表色泽会渐渐变得枯黄，汤色变褐，滋味淡薄，不够鲜爽，失去茶叶的正常风味。因此，一般绿茶陈茶色泽深暗，香气低平，茶味淡，有时甚至出现陈味。在选购茶叶时需特别留意辨别。

二、影响茶叶品质变化的因素

茶叶在储藏过程中，其内含物会随时间发生一定的变化，从而会对茶叶的品质产生影响。其中茶叶中的主要品质成分如茶多酚、氨基酸、叶绿素、维生素、脂类物质等，在外界条件如光照、温度、水分的影响下，易氧化、降解和转化，使茶叶色泽、香气、汤色、滋味等感官品质显著下降，从而失去茶叶原有的外形和风味特征，影响茶叶的经济价值和饮用价值。

一般来说，茶叶品质变化主要受到茶叶本身的含水量和环境条件的影响。

（一）茶叶的含水量

茶叶本身的含水量对茶叶品质的变化影响最大。水分是茶叶内各种成分发生化学反应必需的介质，水分含量越高，物质的变化就越显著，茶叶陈化的速度也会加快。同时，水分含量高，霉菌也更加容易滋生。通常，茶叶中水分含量控制在 5% 以下，在该含水量条件下，茶叶中各种生化反应都得到了较好的控制。当绿茶含水量大于 7% 时，任何保鲜技术或者包装材料都无法保持其新鲜风味，含水量大于 10% 时，茶叶很容易发生霉变。

（二）环境因素

温度、湿度、氧气和光线是影响储藏中茶叶品质变化的四大因素。温度和湿度是茶叶品质变化的环境条件，起加速或延缓氧化反应的作用。光线能改变茶叶品质，促进色素和类脂等化合物的氧化，对一些茶叶成分有一定的分解作用。

1. 温度

温度对茶叶品质变化的影响很大，且对茶汤色泽和茶汤香气的影响比氧气及水分的作用都明显。温度越高，反应速度越快，茶叶品质的劣变速度越快。一般来说，温度每升高10℃，茶叶色泽褐变的速度要加快3~5倍，绿茶在环境温度25℃下储藏半年，主要品质成分氨基酸、咖啡因、茶多酚、水浸出物等的含量持续降低，茶汤物理性状发生劣变。储藏的温度越低，茶叶中的品质成分降低和感官品质劣变的速率越慢，多数研究认为，茶叶储存在5℃以下为好，能较长时间保持茶叶色、香、味等感官品质。

2. 湿度

在湿度相对较高的环境中，裸露的茶叶易吸潮而使茶叶含水量逐渐增加，从而使茶叶发生劣变。茶叶表面疏松、多孔，能大量吸附水分，茶叶中的亲水基团也能与水分通过氢键结合。研究表明，在相对湿度80%以上时，茶叶的含水率一天就达到10%以上。因此，茶叶储存的地方相对湿度应控制在50%以下。

3. 氧气

茶叶储藏过程中，茶叶内含成分的氧化是氧气参与反应的直接结果。研究表明，氧气是影响茶叶中儿茶素和维生素含量变化的主要因素，此外酯类、醛类、酮类等物质都易氧化，由此导致绿茶汤色变黄，红茶汤色变褐，香气下降，失去鲜爽滋味。茶叶包装容器内氧气含量应控制在0.1%以下，可有效减缓内含物质的氧化反应速度，更好地保持茶叶的新鲜状态。

4. 光线

茶叶储存过程中如受到光照，尤其是光线直射时，茶叶色泽变化会加快，茶叶陈化速度也会加快。其原因是光催化了茶叶中的脂类物质氧化以及色素的光化学反应。脂类物质尤其是不饱和脂肪酸氧化产生低分子的醛、酮、醇等，使茶叶产生陈味。而叶绿素中以叶绿素 b 对光的敏感性最大，光照很容易使叶绿素含量下降而使茶叶色泽变枯、变暗。

三、茶叶的储藏保鲜技术

茶叶的储藏保鲜，旨在克服水分、温度、氧气、光照等对茶叶造成的不良影响，尽可能地保留茶叶原有的品质，其中以绿茶的保鲜要求最为严格。茶叶储藏保鲜技术包括常温干燥储藏、低温冷藏和包装保鲜技术等。

（一）常温干燥储藏

在常温的储藏环境下，降低茶叶的含水量是延长茶叶保质期和保持茶叶品质的关键。首先，要求茶叶自身要足干（茶叶含水量在5%以下），简单的判别方法是：取少量茶叶放于掌心，用拇指和食指捻，若茶叶捻成片状则茶叶水分含量高，成粉末状则说明茶叶足干。其次，要保持茶叶所处环境的干燥。干茶易吸收空气中的水分，干燥储藏即是在储藏茶叶时放入一定量石灰、木炭、硅胶、蒙脱石等干燥剂，通过干燥剂的吸水性，显著降低储藏环境中的水分含量（相对湿度≤50%），控制茶叶含水量，达到保鲜的作用。龙井茶区传统储藏茶叶的方法便是用牛皮纸封装茶叶，放入置有生石灰或硅胶的陶质坛罐中，石灰每年至少更换3~4次，硅胶可烘干后反复使用。日常家庭储藏茶叶时，可购买小包的食品专用干燥剂置于茶叶包装内，如果容器的气密性好，结合避光避湿，常温下的储藏效果也不错。

（二）低温冷藏

低温冷藏技术是指利用降低储存环境温度，降低茶叶内化学反应的速率，从而减缓茶叶陈化劣变的一种保鲜方法。低温冷藏不仅能起到保鲜、保绿、保质的特点，配合避光除湿还可大大延长其保质期。家庭茶叶储藏中，可采用家用冰箱低温冷藏保鲜茶叶，密封良好的茶叶在 5℃ 以下储藏 8~12 个月，品质可保持基本不变。目前企业大批量茶叶的低温冷藏以冷库为主，冷库一般控温在 -18~2℃，相对湿度在 60% 以下，具有较好的保鲜效果。需要注意的是，经低温储藏的茶叶取出后需先经过温度过渡处理，否则会使茶叶受潮，加速茶叶劣变。

（三）包装保鲜技术

包装保鲜技术主要包括包装材料保鲜、脱氧剂保鲜和抽气充氮保鲜。

1. 包装材料保鲜

茶叶的储藏对包装材料也有一定的要求，应选择具有防潮、阻氧、阻光、无异味、抗拉伸性强和热封性强等特性的包装材料。普通的聚乙烯（PE）袋常用来保藏食品，但由于其透光、透湿强，不适合用来储藏茶叶。常用的茶叶包装主要有以下几种。

（1）纸质材料

具有遮光良好、操作方便等特点，但密封、隔湿、阻氧效果不佳。所以常采用先放入聚乙烯袋再放入纸盒中的方法，或者使用具有防潮隔层的纸盒。

（2）成型塑料材料

美观大方，但密封性差，多用于茶叶外包装。

（3）陶瓷和金属材料

具有防潮性能强、密封性好、可重复使用的特点。金属罐多为镀锡钢板，一般会在罐中加入脱氧剂或抽真空的方式除氧。缺点是

陶瓷材料易碎、成本高；金属材料成本也较高。

（4）复合包装

目前多选用高密度聚乙烯、聚丙烯、聚酯与低密度聚乙烯（LDPE）薄膜复合形成多层复合材料，尤其是铝箔复合膜，具有良好的阻气性、防潮性、保香性。采用双向拉伸聚丙烯薄膜、耐高温聚酯镭射膜、铝箔以及聚乙烯薄膜多层贴合而成的茶叶包装袋密封效果较好，阻隔性能较优。

2. 脱氧剂保鲜

氧气是导致茶叶品质成分氧化降解的重要物质。将茶叶放在密闭性良好的包装内，投入脱氧剂，除去容器内的氧气，能有效抑制茶叶品质陈化。脱氧剂主要包括还原态铁粉、亚硫酸盐类等无机物和以酶、维生素C、亚油酸等有机物为主的脱氧剂。脱氧剂一般无毒无味，不会影响茶叶的品质。采用脱氧剂储藏保鲜成本低、操作简单，目前普遍使用的保鲜剂实际为干燥剂和脱氧剂综合使用，能有效防止茶叶氧化，保证茶叶质量。

3. 抽气充氮保鲜

抽气充氮保鲜是将包装内空气完全抽出，使容器内部呈现真空状，然后充入纯度很高的氮气并密封，抽气充氮可以有效地阻隔氧气，防止茶叶劣变。实践中有的只将空气抽出，达到相对真空状态；也有的抽出空气后会充入氮气。现今有二次抽真空法，即一次抽气后向包装内再冲入氮气并进行二次抽真空，该方法进一步降低了氧含量，有效延长了茶叶储藏期。氮气不仅能起填充作用，还能保持茶叶中的香气。但在抽真空时容易对茶叶外形完整性造成损伤，且抽气充氮保鲜对技术和设备要求较高。茶叶储藏时在除氧方法的选择上，添加脱氧剂比抽真空更具优势，但针对具体的茶叶品种，其储藏效果可能会不同。

冲泡技艺篇

第八章 修习茶艺

修习茶艺以养成良好习惯、提高专注力、修养身心为目标；以泡好一杯茶汤为主线；放松身心，从备具、候汤、温具、置茶、冲泡、分茶，到奉茶、收具，有仪式感地完成行茶过程的茶艺。茶艺竞赛中的规定茶艺属于修习茶艺，修习茶艺练习坐、行、站，温杯、沥茶，行礼、奉茶等茶汤调控的基本功。

第一节 习茶礼仪

仪容是习茶者发式、服饰、肌肤和表情之总和。

习茶者以素颜或淡妆为宜，可适当修饰仪容。男士宜着长裤，长袖或短袖。女士的衣服不宜过于宽大，上衣收腰或系一根腰带，袖子为短袖、七分袖或长袖，袖口应小，不宜太宽大。女士不穿无袖衣服。裙子长度宜盖过膝盖，手指、手腕不戴饰品，若戴襟挂、项挂，以小而精为宜。习茶者仪容干净、整洁、简约、朴素、端庄即可。

仪态是指习茶者的举止、姿态。习茶之人，站如松、行如风、坐如钟，大方、优雅、稳重、自然，不做作，不矫情，体现茶人的精、气、神。

一、仪容

（一）发型

男士留短发，发式整洁，不蓄胡须。女士留长发者可将长发盘

起来或绞成辫子，不宜长发披肩。

发型

（二）双手

双手不留长指甲，指甲修平，手腕、手指上不戴饰品，以防划伤器具。

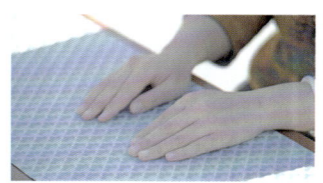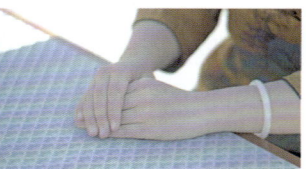

双手

（三）表情

面部表情安详，平和，放松。

第八章 修习茶艺

表情

二、站姿

1.女士站姿

身体中正,挺胸收腹,目光平视,下巴微收,表情放松安详,双肩平衡放松,手臂自然下坠。双手自然放松,四指并拢弯曲,在虎口交叉放在腹前,右手上左手下,离开腹部半拳距离。腰以上领直,腰以下松沉,双脚脚跟并拢,脚尖自然分开。脚跟、臀部、后脑勺在一条直线上。

女士站姿

2. 男士站姿

四指并拢在腹前虎口交叉，左手上右手下，离开腹部半拳距离，或双手五指并拢中指对裤腿中缝，其余同女士站姿。

男士站姿

三、入座、坐姿

1. 左侧入座

站于凳子的左侧，脚尖与凳子的前缘平。左脚向正前方一小步。右脚跟上，与左脚并拢。右脚向右一步，重心移至右脚上。左脚跟上，与右脚并拢，身体移至凳子前。双手五指并拢成弧形，掌心向内，女士捋一下后背的衣裙，边捋边坐下（男士直接坐下）。坐下后双手自然放松，右上左下放大腿根部。后背挺直，臀部外边缘坐在凳子 1/2~2/3 处。

第八章 修习茶艺

左侧入座

2. 右侧入座

站于凳子右侧,脚尖与凳子的前缘平。右脚朝正前方一小步。左脚跟上,与右脚并拢。左脚向左一步。重心移至左脚上。右脚跟上,与左脚并拢,身体移至凳子前。双手五指并拢,掌心向内,女士捋一下后背的衣裙,边捋边坐下(男士直接坐下)。

右侧入座

3. 女士坐姿

上身姿态如站姿，双臂自然下坠，两手虎口交叉，右手在上，左手在下，或双手五指并拢，放于大腿根部。臀部外边缘处于凳子 1/2～2/3 处，双膝并拢，双脚自然下坠并拢或前后分开至舒适的位置。如坐于桌前，也可以双手半握拳，与肩同宽轻搁于桌面上。

4. 男士坐姿

双脚略分开，与肩同宽，脚尖朝前。双手半握拳，与肩同宽或略比肩宽，轻搁于桌面上或五指并拢平放于大腿上，也可双手握空拳放于大腿上。后背挺直，臀外部边缘坐在凳子 2/3 处。

女士坐姿

男士坐姿

四、行姿

1. 女士行姿

双手虎口交叉于腹前，右手上左手下，右脚开步，行走的步幅

第八章 修习茶艺

小，频率快，上身正，不摇摆，给人以"轻盈"之感。

女士行姿

2. 男士行姿

右脚开步，步幅适当，频率快，双手小幅度前后摆动，上身正，不摇摆，给人以"雄健"之感。

男士行姿

五、蹲姿

蹲姿仅适用于女士。下蹲时,上身姿态与站姿同。

1. 右蹲姿

上身中正挺直,膝关节弯曲,身体重心下移,脚在前,左脚在后不动、脚尖朝前,与右脚呈45°,左膝盖顶住右膝窝。

右蹲姿

2. 左蹲姿

上身中正挺直,膝关节弯曲,重心下移,左脚在前,右脚在后不动、脚尖朝前,左脚与右脚呈45°,右膝盖顶住左膝窝。

左蹲姿

六、习茶礼

（一）鞠躬礼

1. 男士站式鞠躬礼

双脚并拢，双手中指贴裤中缝，以腰为中心，背、后脑勺成一条直线，上半身前倾15°，稍做停顿，恢复到站姿。此为平辈之间行礼。若是向长辈行礼，则前倾30°。

男士站式鞠躬礼

2. 女士站式鞠躬礼

双脚并拢，双手松开，贴着身体向下移至大腿根部，手带着上半身，前倾15°，背、后脑勺成一条直线，稍做停顿，身体缓缓站直，带着手恢复到站姿。此为平辈之间行礼。若是向长辈行礼，手紧贴大腿，移至大腿中部，身体前倾30°。

女士站式鞠躬礼

(二) 奉茶礼

1. 男士奉茶礼

奉前礼。正面对品茗者,双手端茶盘,以腰为中心,身体前倾,行鞠躬礼,茶盘与身体的距离不变,随身体重心下移略下移。奉中礼。弯腰奉茶,伸出右手,五指并拢,手掌与杯身呈45°,示意"请用茶"。奉后礼。奉茶毕,左脚后退一步,右脚跟上,与左脚并拢,再行鞠躬礼,示意"请慢用"。

男士奉茶礼

第八章 修习茶艺

2.女士奉茶礼

奉前礼。正面对品茗者，双手端茶盘，以腰为中心，身体前倾，行鞠躬礼，茶盘与身体的距离不变，随身体重心下移略下移。奉中礼。蹲姿奉茶，伸出右手，五指并拢，手掌与杯身呈45°，示意"请用茶"。奉后礼。奉茶毕，左脚先后退一步，右脚跟上，与左脚并拢，再行鞠躬礼，示意"请慢用"。

女士奉茶礼

（三）回礼

奉茶者行礼时，品茗者应欠一下身体，或点一下头，或说一声"谢谢"，或用右手食指和中指弯曲，用指尖轻扣桌面，代表"叩首"之意。

回礼

（四）品饮

1. 女士盖碗品饮法

右手端取盖碗，交至左手，左手食指与中指成"剪刀状"托底，拇指压住碗托。右手取盖至鼻前，深吸一口气，闻香。

右手持盖，盖于碗上，靠里侧留一小缝。右手手腕转动，虎口向内，小口品饮。饮毕，放下盖碗。

女士盖碗品饮法

2. 男士盖碗品饮法

双手端碗。将盖碗移至身前。右手取盖。闻香。盖上碗盖，左侧留一条缝。右手食指扣住碗盖，拇指、中指端茶碗，其余手指自然并拢。右手端起茶碗，虎口朝里。小口品饮。

第八章 修习茶艺

男士盖碗品饮法

3. 品茗杯品饮法

双手端杯托。将茶杯移近。右手五指并拢端杯,食指高于杯口,起遮挡的作用。端起茶杯,先观汤色。再小口品饮,虎口略朝里,以对方正面看不到嘴为度。品饮茶汤后,闻杯底香。

品茗杯品饮法

第二节　修习茶艺冲泡技术参数

在茶、水、器都确定的情况下，茶水比、水温、冲泡时间三个技术参数的确定与把握是泡好一杯茶汤的关键。

一、茶水比

茶水比就是泡茶器中茶与水的比例，也就是投茶量。量多味浓，量少味淡。投茶量的多少，与茶叶本身内含成分的多少、品饮人数、冲泡次数等有关系。内含成分单薄的茶叶，投茶量应增加；品饮人数多、冲泡次数多宜多投茶，反之，要少投。泡同一款茶，生活茶艺比修习茶艺投茶量略多些。总之，要使茶汤浓淡适宜。

那么，茶与水的比例是如何确定呢？可通过试验把握规律，再根据具体情况做适当调整。

以绿茶为试验材料，准备 4 只审评茶碗，投入相同的茶叶 3 克，分别沏沸水 50 毫升、100 毫升、150 毫升和 200 毫升，浸泡 4 分钟，尝茶汤的滋味，其结果如表 8.1 所示。

表 8.1　不同水量时茶汤的滋味呈现

冲水量/毫升	茶汤滋味
50	极浓
100	太浓
150	甘醇
200	偏淡

试验表明，1 克绿茶，用 50 毫升开水，能取得较好的冲泡效果，即茶水比 1∶50 合适。用同样的试验方法冲泡红茶、乌龙茶、黄茶、白茶、黑茶和袋泡茶，能获得较好的茶汤滋味，茶与水的比例分别如下。

（一）绿茶、红茶

冲泡绿茶、红茶适宜的茶水比为 1:（50～80）。小叶种绿茶、红茶的投茶量高于大叶种的绿茶、红茶；名优红茶、绿茶的投茶量多于大宗红茶、绿茶。

（二）乌龙茶

冲泡乌龙茶适宜的茶水比为 1:（20～30）。通常投入 1 克乌龙茶用水量 20 毫升左右。日常泡茶时，以外形的紧结程度，来判定投茶量的多少。如果是比较紧结的球形乌龙茶，投茶量是容器的 1/4；半球形的乌龙茶，投茶量大致是容积的 1/3；松散的条状乌龙茶，投茶量是壶容积的 1/2。这是因为啜品乌龙茶重在闻香和品尝滋味，所以，用茶量要比绿茶、红茶量高得多，而用水量却要减少。

（三）黄茶

冲泡黄茶适宜的茶水比为 1:（30～50）。黄茶分为黄芽茶、黄小茶和黄大茶，原料嫩度不同，茶水比例不同。以黄小茶——莫干黄芽茶为例，每克茶用水 30～40 毫升。

（四）白茶

冲泡白茶适宜的茶水比为 1:（20～30）。白茶用茶量较大，因为白茶不炒也不揉，茶中内含物质浸出较慢，一般每克茶冲水 20～30 毫升。

（五）黑茶

冲泡普洱茶适宜的茶水比为 1:（20～30）。黑茶的用茶量仅次于乌龙茶。一般说来，品黑茶侧重于尝滋味，其次是闻香气。一般是每克茶冲 20～30 毫升水。

（六）花茶

冲泡花茶的茶水比与茶坯的茶类一致，以绿茶、红茶、乌龙茶为茶坯窨制的花茶，分别按绿茶、红茶、乌龙茶的茶水比冲泡。

（七）袋泡茶

冲泡袋泡茶适宜的茶水比为 1:(60～70)。由于袋泡茶已经切成小颗粒状，茶叶内含物质很容易浸出于水中，多为一次性沏茶，通常每克茶可冲水 60～70 毫升。

上述投茶量只是一般情况。投茶量多少，还要考虑饮茶者的年龄、性别、地域、习惯等因素。

二、水温

水滋润了茶，给茶第二次生命，水质、水温均与茶汤质量密切相关。

（一）水温与浸出物质

泡茶水温与浸出物质的速度与量有密切关系。以 3 克红茶为试验材料，分别采用 100℃、80℃、60℃水 150 毫升，经 4 分钟浸泡后，其茶汤中的水浸出物含量（以 100℃的相对浸出量为 100%）其结果如表 8.2 所示。

表 8.2　冲泡水温对茶叶浸出物的影响

水温 /℃	水浸出物 /%
100	100
80	70～80
60	45～65

水温高，茶叶内含物质容易浸出；相反，水温低，茶叶内含物质浸出速度慢。试验表明水温与茶叶内含物质在茶汤中的浸出量呈正相关。用刚烧开的沸水泡茶 4 分钟，热闻香气，容易辨别茶叶是否有异味，如烟味、霉味、塑料味等；还可以辨别茶汤中是否有酸味、青气、烟味等异味和不足。泡茶水温低，内含物质浸出率低，相对来说，异味、酸青味的挥发量也会减少，若未达感觉阈值，则

感觉不到。水温还与香气物质挥发有关。水温高，香气物质挥发在空气中的量会多，鼻中嗅觉细胞易感受到。所以，水温是调控茶汤滋味和香气的有效手段。

（二）水温与物质浸出速度

研究表明，茶叶中不同的内含物质，对浸泡的水温要求不同。茶多酚、咖啡因在高水温下，快速浸出，茶汤呈苦涩味；低水温下，浸出较慢，茶汤苦涩味较低。氨基酸在低水温下即可浸出；随着时间的延长，浸出越多，茶汤呈鲜味。所以，如果想尝绿茶的鲜味，可以用低温或中温泡。当茶汤中呈苦涩味的茶多酚、咖啡因与呈鲜味的氨基酸有一定的量，且比例适当时，茶汤鲜醇爽口，口感协调，并有厚度和浓度。

（三）水温与茶叶原料的嫩度

泡茶水温还与茶的种类与嫩度有关。

1. 细嫩绿茶、红茶、花茶

冲泡用中小叶种制成的高级细嫩绿茶、红茶、花茶，水温要比大叶种制成的茶低。一般用 80～85℃的开水冲泡。

2. 大宗红茶、绿茶、花茶

大宗红茶、绿茶、花茶茶叶加工原料老嫩适中，用 90～95℃的开水冲泡较为适宜。

3. 乌龙茶（除白毫乌龙茶外）

乌龙茶要待新梢即将成熟时才采制，原料并不细嫩，加之用茶量较大，需用刚沸腾的开水冲泡，特别是第一次冲泡，更是如此。白毫乌龙茶，原料相对嫩度好，一般用 80～85℃的开水冲泡。

4. 白茶

白茶用 90～100℃的开水冲泡。

5. 黄茶

原料细嫩的黄茶要求水温低，一般黄芽茶、黄小茶用 80～

85℃；原料粗老的黄茶要求水温高，黄大茶要用95～100℃开水冲泡或煮饮。

6. 黑茶

黑茶用烧开的开水冲泡。如果制茶原料比较粗老，而且在重压后使其形成砖状。这种茶即使用刚沸腾的开水冲泡，也难以将茶中的物质浸泡出来，所以，需要先将砖茶捣碎成小块状，再放入壶或锅内，用水煎煮后饮用。

泡茶水温的高低，还与茶叶松紧、芽叶大小有关。一般来说，细嫩、松散、切碎的茶比粗老、紧实、完整的茶浸出速度要快，因此，粗老、紧实、完整的茶比细嫩、松散、切碎的茶泡茶水温要高。

（四）水温与茶叶品质

选择什么样的水温泡茶由茶叶的品质决定。若一款茶的色、香、味、形、叶底品质感官审评的结果达到93分及以上，没有明显的弊病，可以选用刚开的水冲泡；若有青、酸、高火、酵气等不足，宜降低水温。

（五）水温的计量

关于泡茶"水温"，确切地说应是"水与茶相遇时"的温度，而不是烧水壶中水的温度。试验表明，水与茶相遇时，不可能保持100℃，因为水壶移动、水从壶嘴流出的过程中，水都在降温。若是冬天，室温达15℃左右，刚烧开的水，水壶中水的温度一般只有97～98℃，高原地区还达不到这个温度，马上用来冲泡茶叶，水与茶相遇时的温度，最高能达90℃。若向常温的容器注水一次，可降温10℃左右。

一般来说，水要现煮，急火猛烧，在正常大气压下煮开，再降到需要的温度。经过人工处理的桶装矿泉水或纯净水，只要烧到略高于泡茶所需的水温即可。

三、冲泡时间

冲泡时间是指茶叶浸泡的时间,即茶与水相遇后,它们共处的时光。

(一)茶汤滋味的平衡点

浸泡时间与茶汤浓度呈正相关。时间短了,茶汤色淡味寡,香气不足;时间长了,茶汤太浓,汤色过深,茶香也会因飘逸而变得淡薄。这是因为茶叶一经冲泡,茶中可溶解于水的浸出物就会随着时间的延续不断浸入水中。所以,茶汤的滋味是随着冲泡时间延长而逐渐增浓的,并到达一个平衡点。到达平衡点时,茶叶细胞内的可溶物质浓度与茶汤浓度处于动态平衡状态。到达平衡点的具体时间与茶叶品质、投茶量、水温等有关。

(二)内含物质浸出的顺序

仔细观察会发现,用沸水冲泡后的茶汤,在不同的时间段,茶汤的滋味、香气是不一样的。这是因为,在同样的水温下浸泡,茶叶中有效成分浸出速度有快有慢。首先浸泡出来的是维生素、氨基酸、咖啡因,然后是茶多酚、多糖等,浸出物含量逐渐增加,一般浸出顺序为:维生素—氨基酸—咖啡因—茶多酚—多糖……不同的茶,浸泡到达可口浓度的时间不一样。由于香气成分的沸点不同、分子量不同,所以,不同浸泡阶段,闻到的茶香不一样。

(三)不同茶类的浸泡时间

1. 红茶、绿茶

以玻璃杯泡为例,2克茶叶,用100毫升水冲泡,水与茶相遇时水温为70~95℃(视茶叶嫩度而定)第一泡茶以冲泡3分钟左右饮用为好。若想再饮,则杯中剩1/3茶汤时再续开水。以此类推,可使一杯茶的茶汤浓度前后相对一致。

2. 乌龙茶

用茶量较大，泡茶水温高，因此，5 克茶，用 100 毫升水，水与茶相遇时水温 85℃，第一泡 15～45 秒（视茶而定）可出汤。第二泡，因为茶叶已经舒展，冲泡时间比第一泡要缩短。第三泡开始可以视茶而定，冲泡时间适当延长 5 秒、10 秒不等。一般紧结的茶叶，延长时间多些，松散的茶叶，延长的时间少些，目的是使每一泡茶汤浓度均匀一致。

3. 黑茶

以普洱茶为例，掰开匀整的 5 克茶，用 100 毫升的水冲泡，水与茶相遇时的温度是 90℃，第一次冲泡的时间 20 秒，第二泡缩短到 10 秒，第三泡延长至 15 秒，之后每泡延长 5 秒。

4. 白茶

以白牡丹为例，芽叶完整的 5 克茶，用 100 毫升的水冲泡，水与茶相遇的水温 90℃，第一泡 1 分钟，第二泡缩短到 30 秒，第三泡 40 秒，第四泡 1 分钟，第五泡 1 分 20 秒。

5. 黄茶

以莫干黄芽茶为例，3 克茶，用 100 毫升的水冲泡，80℃水温，第一泡时间为 1 分，第二泡 1 分 25 秒，第三泡 50 秒，第四泡 1 分钟，第五泡 1 分 30 秒。

6. 花茶

1 克花茶，冲水 50 毫升，能取得较好的冲泡效果，即茶水比 1∶50 合适（水温同绿茶）。为了保香，不使香气散失，泡茶时间不宜过长，一般 2 分钟左右便可饮用。

（四）影响浸泡时间的其他因子

茶类不同，浸泡时间有差异，同一类茶的外形、加工工艺、品种等因素也会影响茶汤，其结果如表 8.3 所示。

表8.3　不同类型茶叶需要冲泡的时间长短

类型		时间长	时间短
外形		较粗老	细嫩
		紧实	松散
		芽叶完整	芽叶碎
		压紧整块	压紧掰松
加工		杀青老	杀青嫩
		揉捻轻	揉捻重
		不揉捻	揉捻
		焙火轻	焙火重
品种		中小叶种	大叶种

一般来说，紧实的、紧结的茶，第一次被泡开，在之后的一定时间范围内，冲泡时间与茶汤浓度呈正相关。浸泡时间的长短由茶类、投茶量、茶叶外形、工艺、品种等综合因素来考量。控制浸泡时间，目的是使茶汤浓度适宜和茶汤温度适饮。

第三节　绿茶冲泡

一、大佛龙井品鉴型冲泡

以呈现茶汤之美为主，在专业品鉴场景进行品茗分享，在融合思想性、艺术性、观赏性为一体的茶艺演示过程中使用的一种冲泡方法。

（一）器具选配（表8.4）

表8.4　大佛龙井品鉴型冲泡器具选配

冲泡方式	种类	设备名称	规格型号	数量/个
品鉴型	泡茶用具	白瓷壶	容量：150毫升	1
	煮水用具	随手泡	容量：≥1 200毫升，示温功能	1

表8.4（续）

冲泡方式	种类	设备名称	规格型号	数量/个
品鉴型	盛汤用具	玻璃公道杯	容量：200毫升	1
	品茶用具	白瓷品茗杯	容量：40毫升	4~6
辅助用具		茶叶罐（或直接使用商品包装）	适宜	1
		茶荷	适宜	1
		茶巾	适宜	1
		茶匙	适宜	1
		茶匙架	适宜	1
		水盂	适宜	1
		盖置（可略）	适宜	1
		杯垫	圆形和方形（尺寸不限）	4~6
		壶承	圆形和方形（尺寸不限）	1
		奉茶盘	适宜	1
		计时器	适宜	1
		电子秤	精度：0.1克	1

（二）冲泡参数

冲泡用具以白瓷壶为宜，冲泡参数如表8.5所示。

表8.5 大佛龙井品鉴型冲泡方法的冲泡参数

器具	注水容量/毫升	投茶量/克	水温/℃	第一泡/秒	第二泡/秒	第三泡/秒
白瓷壶	150	3.0	85	40	20	50

（三）冲泡流程

备具—温具—置茶—注水—出汤—分汤—品茗—续水。

1.备具

提前准备好茶叶、泡茶用具、热水和适量茶点水果。

第八章 修习茶艺

茶席全景

称茶

2. 温具

在白瓷壶中注入 1/3 热水,将白瓷壶、公道杯、品茗杯进行温热,有利于透发茶香,同时器具得到进一步清洁。

温壶

温公道杯

温品茗杯

3. 置茶

将 3 克茶叶拨入白瓷壶中,此时可闻汤前香。

置茶

4. 注水

加入热水至七分满,热水均匀地浸润茶叶。

注水

5. 出汤

将壶中的茶汤沥至茶盅,一秒钟以上一滴茶汤为沥干,以免影响下一道茶汤。

出汤

6. 分汤

将茶汤低斟且均匀分至品茗杯中。

分汤

7. 品茗

主客一同品饮茶汤，观色、尝味、闻杯底香，交流感受。

奉茶

闻香

品鉴

8. 续水

冲泡2～3道，重复步骤4～7。

续水

二、大佛龙井商务型冲泡

为适应茶品推介等需要，快速、简洁、科学地让品茗者充分感知茶的色、香、味、韵等品质特征的一种冲泡方法。

（一）器具选配（表8.6）

表8.6　大佛龙井商务型冲泡器具选配

冲泡方式	种类	设备名称	规格型号	数量/个
商务型	泡茶用具	白瓷盖碗	容量：120毫升	1
	煮水用具	随手泡	容量：≥1 200毫升 示温功能	1

表8.6（续）

冲泡方式	种类	设备名称	规格型号	数量/个
商务型	盛汤用具	玻璃公道杯	容量：200毫升	1
	品茶用具	白瓷品茗杯	容量：50毫升	4～6
	辅助用具	茶叶罐（或直接使用商品包装）	适宜	1
		茶荷	适宜	1
		茶巾	适宜	1
		茶匙	适宜	1
		茶匙架	适宜	1
		水盂	适宜	1
		盖置（可略）	适宜	1
		杯垫	圆形和方形（尺寸不限）	4～6
		壶承	圆形和方形（尺寸不限）	1
		奉茶盘	适宜	1
		计时器	适宜	1
		电子秤	精度：0.1克	1

（二）冲泡参数

冲泡用具以白瓷盖碗为宜，冲泡参数如表8.7所示。

表8.7　大佛龙井商务型冲泡方法的冲泡参数

器具	注水容量/毫升	投茶量/克	水温/℃	第一泡/秒	第二泡/秒	第三泡/秒
白瓷盖碗	120	3.0	沸水	15	5	10

（三）冲泡流程

备具—温具—置茶—注水—出汤—分汤—品茗—续茶。

1. 备具

提前准备好茶叶、泡茶用具和热水。

第八章 修习茶艺

茶席全景

茶席俯视

2. 温具
温盖碗、公道杯和品茗杯。

温盖碗

温公道杯

温品茗杯

3. 置茶
将 3 克茶叶拨入盖碗中，此时可闻汤前香。

置茶

4. 注水
加入热水至七分满，热水均匀地浸润茶叶。

注水

5. 出汤

将壶中的茶汤沥至茶盅,一秒钟以上一滴茶汤为沥干,以免影响下一道茶汤。

出汤

6. 分汤

将茶汤低斟且均匀分至品茗杯中。

分汤

7. 品茗

主客一同品饮茶汤，观色、尝味、闻杯底香，交流感受。

奉茶

看汤色

品茗交流

8. 续茶

冲泡2～3道，重复步骤4～7。

续茶

三、大佛龙井便捷型冲泡

在办公、差旅等日常生活场景中，以方便、快捷为目的的一种冲泡方法。

（一）器具选配（表8.8）

表8.8　大佛龙井便携型冲泡器具选配

冲泡方式	种类	设备名称	规格型号	数量/个
便携型	泡茶用具	同心透明玻璃杯	容量：250毫升	1
	泡茶用具	直口圆玻璃杯	容量：250毫升	1

表 8.8（续）

冲泡方式	种类	设备名称	规格型号	数量/个
便携型	煮水用具	随手泡	容量：≥1 200毫升，示温功能	1
	盛水用具	储水壶	容量：800毫升	1
辅助用具		茶叶罐（或直接使用商品包装）	适宜	1
		茶荷	适宜	1
		茶巾	适宜	1
		茶匙	适宜	1
		茶匙架	适宜	1
		奉茶盘	适宜	1
		计时器	适宜	1
		电子秤	精度：0.1克	1

（二）冲泡参数

冲泡用具以玻璃杯为宜，冲泡参数如表 8.9 所示。

表 8.9 大佛龙井便捷型冲泡方法的冲泡参数

器具	注水容量/毫升	投茶量/克	水温/℃	冲泡步骤
同心透明玻璃杯	200	3.0	80	①冲泡60秒，取出滤杯，即可饮用 ②续水冲泡时间为40秒，续泡风味基本保持
直口圆玻璃杯	200	2.0	沸水+常温水	①加入3/4容量（150毫升）的沸水冲泡60秒 ②再注入1/4容量（50毫升）的常温饮用水，即可饮用

（三）冲泡流程

1. 同心透明玻璃杯冲泡

备具—置茶—注水—静置—出汤—品茗—续水。

第八章 修习茶艺

（1）备具

同心透明玻璃杯、茶叶、保温壶。

茶席全景

（2）置茶

为了方便携带，可选用小罐茶或小泡袋茶叶。

置茶

（3）注水

注入热水七分满，让茶叶充分浸润。

注水

(4）静置

静置

(5）出汤

冲泡60秒，取出滤杯，即可饮用。

出汤

(6）品茗

品茗

（7）续水

冲泡时间为40秒，续泡风味基本保持。一般冲泡三次。

续水　　　　　　　　　　　　再次静置

2. 直口圆玻璃杯冲泡

备具—置茶—注沸水—静置—注常温水—品茗—续水。

（1）备具

准备直口圆玻璃杯、茶叶、沸水和常温水。

茶席全景　　　　　　　　　　称茶

（2）置茶

置茶

（3）注沸水

加入3/4容量（150毫升）的沸水冲泡60秒。

注沸水

（4）静置

静置

（5）注常温水

注入1/4容量（50毫升）的常温饮用水，即可饮用。

注常温水

（6）品茗

品茗

（7）续水

续水

四、大佛龙井生活茶艺

"客来敬茶"已是生活中接待客人最常见的礼仪。绿茶的形在所有茶类中最具有优势，生活中可以选用透明的玻璃盖碗作为盛汤器，既能观赏到大佛龙井在水中舒展、起伏的状态，也能防止温度与香气的散失。由于茶叶等级高低不同，原料老嫩不同的大佛龙井，泡茶水温也不同，原料细嫩用80～85℃水温冲泡，原料成熟用85℃以上水温冲泡，无瑕疵的绿茶也可以用沸水冲泡。一般冲泡三四次。

（一）器具选配

泡茶器：提梁壶。

盛汤器：透明玻璃盖碗。

泡茶用水：天然饮用水或纯净水。

选配器具：受污、茶则、茶匙及架、水盂、花器等。

（二）冲泡参数

以冲泡特级大佛龙井为例（表8.10）。

表8.10 特级明前龙井的冲泡参数

泡茶基本要素					
茶	水	器	茶水比	冲泡水温	冲泡时间
特级明前龙井	天然饮用水或纯净水	透明玻璃盖碗	1∶50	80℃	第一泡25秒 第二道20秒 第三道40秒 第四道60秒

（三）冲泡流程

备具—温具—置茶—润茶摇香—注水—静置—品茗。

1. 备具

提前准备好茶叶、泡茶用具、水和适量茶点。

茶席全景　　　　　　　　　　　茶席俯视

2. 温具

按照"品"字书写顺序依次温热三个盖碗。

第八章 修习茶艺

温盖碗

3. 置茶

将 6 克茶叶均匀分至三个盖碗中。

置茶

4. 润茶摇香

加入 1/4 热水进行温润泡,三个盖碗依次摇香,使茶叶遇水慢慢舒展,透发茶香。

润茶　　　　　　　　　　　　摇香

5. 注水

每个盖碗中注水至七分满，同时盖上碗盖，防止香气与温度散失。

注水

盖上碗盖

6. 静置

静置

7. 品茗

主客一同品饮茶汤，观色、尝味、闻杯底香，交流感受。

奉茶

闻香

品茗

五、天姥云雾茶品鉴型冲泡

以呈现茶汤之美为主,在专业品鉴场景进行品茗分享,在融合思想性、艺术性、观赏性为一体的茶艺演示过程中使用的一种冲泡方法。

(一)器具选配

白瓷壶、玻璃公道杯、白瓷品茗杯等,如表8.11所示。

表8.11 天姥云雾茶品鉴型器具选配

冲泡方式	种类	设备名称	规格型号	数量/个
品鉴型	泡茶用具	白瓷壶	容量:150毫升	1
	煮水用具	随手泡	容量:≥1 200毫升,示温功能	1
	盛汤用具	玻璃公道杯	容量:200毫升	1
	品茶用具	白瓷品茗杯	容量:50毫升	4~6
辅助用具		茶叶罐(或直接使用商品包装)	适宜	1
		茶荷	适宜	1
		茶巾	适宜	1
		茶匙	适宜	1
		茶匙架	适宜	1
		水盂	适宜	1
		盖置(可略)	适宜	1
辅助用具		杯垫	圆形和方形(尺寸不限)	4~6
		壶承	圆形和方形(尺寸不限)	1
		奉茶盘(可略)	适宜	1
		计时器	适宜	1
		电子秤	精度:0.1克	1

茶席全景图

（二）冲泡参数

冲泡用具以白瓷壶为宜，冲泡参数如表 8.12 所示。

表 8.12　天姥云雾茶品鉴型冲泡方法的冲泡参数

器具	器具容量/毫升	投茶量/克	水温/℃	第一泡/秒	第二泡/秒	第三泡/秒
白瓷壶	150	3.0	85	50	15	50

（三）冲泡流程

备具—温具—置茶—注水—出汤—分汤—品茗—续水。

1. 备具

准备好泡茶所需的器具、茶叶与水。

备具正面

2. 温具

温壶　　　　　　　温公道杯　　　　　　温品茗杯

3. 置茶

将茶荷中的 3 克茶叶投入瓷壶中。

置茶细节　　　　　　　　置茶全景

4. 注水

用定点冲泡法注水至八分满。

注水入壶

5. 出汤

将壶中的茶汤沥至公道杯。

出汤

6. 分汤

将茶汤低斟入品茗杯至七分满。

分茶汤

7. 品茗

将茶汤奉给品茗者，赏茶汤、闻香气、品滋味，交流感受。

| 示意请用茶 | 品茗 |

8. 续水

继续冲泡，重复步骤 3～5。

| 续水 | 分茶汤 |

六、天姥云雾茶商务型冲泡

为适应茶品推介等需要，快速、简洁、科学地让品茗者充分感知茶的色、香、味、韵等品质特征的一种冲泡方法。

（一）器具选配

冲泡用具以白瓷盖碗为宜，冲泡参数如表 8.13 所示。

表 8.13　天姥云雾茶商务型器具选配

冲泡方式	种类	设备名称	规格型号	数量/个
商务型	泡茶用具	白瓷盖碗	容量：120 毫升	1
	煮水用具	随手泡	容量：≥1 200 毫升，示温功能	1

表 8.13（续）

冲泡方式	种类	设备名称	规格型号	数量/个
商务型	盛汤用具	玻璃公道杯	容量：200 毫升	1
	品茶用具	白瓷品茗杯	容量：50 毫升	4~6
	辅助用具	茶叶罐（或直接使用商品包装）	适宜	1
		茶荷	适宜	1
		茶巾	适宜	1
		茶匙	适宜	1
		茶匙架	适宜	1
		水盂	适宜	1
		盖置（可略）	适宜	1
		杯垫	圆形和方形（尺寸不限）	4~6
		壶承	圆形和方形（尺寸不限）	1
		奉茶盘（可略）	适宜	1
		计时器	适宜	1
		电子秤	精度：0.1 克	1

茶席全景

（二）冲泡参数

冲泡用具以白瓷盖碗为宜，冲泡参数如表 8.14 所示。

第八章 修习茶艺

表8.14 天姥云雾茶商务型冲泡方法的冲泡参数

器具	器具容量/毫升	投茶量/克	水温/℃	第一泡/秒	第二泡/秒	第三泡/秒
白瓷盖碗	120	3.0	沸水	15	5	10

（三）冲泡流程

备具—温具—置茶—注水—出汤—分汤—品茗—续水。

1. 备具

准备好泡茶所需的器具、茶叶与水。

备具俯视

2. 温具

用热水温润白瓷盖碗、公道杯和品茗杯。

温盖碗

温公道杯

温品茗杯

3. 置茶

将 3 克茶叶投入盖碗中,闻汤前香。

置茶

闻干茶香

4. 注水

注水

5. 出汤
将盖碗中的茶汤出至公道杯,沥尽。

出汤

6. 分汤
将茶汤低斟入品茗杯至七分满。

分汤

7. 品茗

将茶汤奉给品茗者，赏茶汤、闻香气、品滋味，交流感受。

示意请用茶　　　　　　　　　品茗

8. 续水

继续冲泡，重复步骤3～5。

续水　　　　　　　　　分茶汤

七、天姥云雾茶便捷型冲泡

在办公、差旅等日常生活场景中，以方便、快捷为目的的一种冲泡方法。

（一）器具选配

同心透明玻璃杯、白瓷杯或直口玻璃杯、随手泡、储水壶等，如表8.15所示。

第八章 修习茶艺

表 8.15 天姥云雾茶便捷型器具选配

冲泡方式	种类	设备名称	规格型号	数量/个
便携型	泡茶用具	同心透明玻璃杯	容量：250 毫升	1
	泡茶用具	直口圆玻璃杯	容量：250 毫升	1
	煮水用具	随手泡	容量：≥1 200 毫升，示温功能	1
	盛水用具	储水壶	容量：800 毫升	1
辅助用具		茶叶罐（或直接使用商品包装）	适宜	1
		茶荷	适宜	1
		茶巾	适宜	1
		茶匙	适宜	1
		茶匙架	适宜	1
		水盂	适宜	1
		盖置（可略）	适宜	1
		杯垫	圆形和方形（尺寸不限）	4～6
		壶承	圆形和方形（尺寸不限）	1
		奉茶盘（可略）	适宜	1
		计时器	适宜	1
		电子秤	精度：0.1 克	1

（二）冲泡参数

冲泡用具以玻璃杯或白瓷杯为宜，冲泡参数如表 8.16 所示。

表 8.16 天姥云雾茶便捷型冲泡方法的冲泡参数

器具	器具容量/毫升	投茶量/克	水温/℃	冲泡步骤
同心透明玻璃杯	200	3.0	80	①冲泡 60 秒，取出滤杯，即可饮用 ②续水冲泡时间为 40 秒，续泡风味基本保持
直口圆玻璃杯	200	2.0	沸水+常温水	①加入 3/4 容量（150 毫升）的沸水冲泡 60 秒 ②再注入 1/4 容量（50 毫升）的常温饮用水，即可饮用

（三）冲泡流程

1.同心透明玻璃杯冲泡

备具—置茶—注水—静置—出汤—品茗—续水。

（1）备具

根据日常生活情况，准备储水壶、同心杯、茶叶等。

备具

（2）置茶

将3克茶叶投入同心杯中（可直接使用商品包装置茶）。

置茶

（3）注水

将热水注入同心杯中。

注水

第八章 修习茶艺

（4）静置

盖上茶盖，让茶叶在茶水中静置60秒，以便茶叶自然舒展，更好地释放内在香气和品质。

静置

（5）出汤

取出滤杯，即可饮用。

出汤

（6）品茗

品茗

（7）续水

续水冲泡时间为40秒，续泡风味基本保持。

续水

2. 直口圆玻璃杯冲泡

备具—置茶—注沸水—静置—注常温水—品茗—续水。

（1）备具

根据泡茶所需，准备随手泡、玻璃杯、茶叶、常温水（矿泉水）等。

备具

（2）置茶

将茶叶投入玻璃杯中（可直接使用商品包装置茶）。

置茶

（3）注沸水

加入150毫升的沸水冲泡，约3/4水量。

注入沸水

（4）静置

静置60秒。

静置茶汤

（5）注常温水

往杯中再加入50毫升（约1/4）的常温饮用水。

注入常温水（一）

注入常温水（二）

（6）品茗

品茗

（7）续水

续水

八、天姥云雾生活茶艺

天姥云雾以新昌县行政区域内海拔400米及以上的生态茶园产出的鲜叶为原料，具有外形卷曲成盘花状、色泽绿翠、味鲜香郁等特征的半烘炒绿茶，在当地深受欢迎，冲泡此茶可选用浅色盖碗或直筒玻璃杯。等级高低不同，原料老嫩不同的绿茶，泡茶水温也不同，一般名优绿茶用80～85℃水温冲泡，原料成熟用85℃以上水温冲泡，无瑕疵的绿茶也可以用沸水冲泡。一般冲泡3～4次。

（一）器具选配

选配器具：提梁壶、透明玻璃盖碗、受污、茶则、茶匙及茶架、水盂、花器等。

泡茶用水：天然饮用水或纯净水。

（二）冲泡参数

以冲泡特级天姥云雾为例（表8.17）。

表8.17　特级天姥云雾的冲泡参数

茶	水	器	茶水比	冲泡水温	冲泡步骤
特级天姥云雾	天然饮用水或纯净水	透明玻璃盖碗	1:（100～120）	80℃	①先加入1/4的水进行润茶，再注水至八分满，静置约30秒后，可品茗 ②盖碗中剩1/3茶汤时，续水至八分满，静置约20秒后，可品茗 ③盖碗中剩1/3茶汤时，续水至八分满，静置约50秒后，可品茗

（三）冲泡流程

备具—温具—置茶—润茶—摇香—注水—静置—品茗—续水。

1. 备具

准备好泡茶所需的器具、茶叶与水。

备具

2. 温具

注入1/3热水，温盖碗，弃水于水盂中。

注水入碗

温碗

3. 置茶

将茶叶分别均匀地投入两个盖碗中。

置茶全景

置茶细节

4. 润茶

注入 1/4 的水进行润茶。

润茶全景

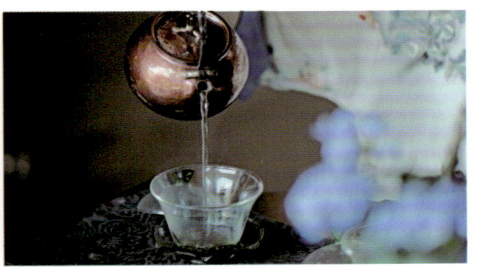

润茶细节

5. 摇香

转动盖碗，让茶与水完全融合，提升茶叶的香气、增强茶叶的口感。

摇香

6. 注水

注水

7. 静置

静置等待约 30 秒。

静置

8. 品茗

将茶汤奉给品茗者,赏茶汤、闻香气、品滋味,交流感受。

品茗

9. 续水

盖碗中剩 1/3 茶汤时,续水至八分满,静置约 20 秒后,可品茗。

续水

第四节　红茶冲泡

一、天姥红茶品鉴型冲泡

以呈现茶汤之美为主,在专业品鉴场景进行品茗分享,在融合思想性、艺术性、观赏性为一体的茶艺演示过程中使用的一种冲泡方法。

品鉴型冲泡

（一）器具选配

白瓷壶、玻璃公道杯、白瓷品茗杯等（表 8.18）。

器具选配

表 8.18　天姥红茶品鉴型冲泡器具选配

冲泡方式	种类	设备名称	规格型号	数量/个
品鉴型	泡茶用具	白瓷壶	容量：150 毫升	1
	煮水用具	随手泡	容量：≥1 200 毫升，示温功能	1
	盛汤用具	玻璃公道杯	容量：200 毫升	1

表 8.18（续）

冲泡方式	种类	设备名称	规格型号	数量/个
品鉴型	品茶用具	白瓷品茗杯	容量：50 毫升	4～6
	辅助用具	茶叶罐（或直接使用商品包装）	适宜	1
		茶荷	适宜	1
		茶巾	适宜	1
		茶匙	适宜	1
		茶匙架	适宜	1
		水盂	适宜	1
		盖置（可略）	适宜	1
		杯垫	圆形和方形（尺寸不限）	4～6
		壶承	圆形和方形（尺寸不限）	1
		奉茶盘	适宜	1
		计时器	适宜	1
		电子秤	精度：0.1 克	1

（二）冲泡参数

冲泡用具以白瓷壶为宜，冲泡参数如表 8.19 所示。

表 8.19 天姥红茶品鉴型冲泡方法的冲泡参数

器具	器具容量/毫升	投茶量/克	水温/℃	第一泡/秒	第二泡/秒	第三泡/秒
白瓷壶	150	3.0	90	40	20	60

（三）冲泡流程

1. 备具、行礼

准备好泡茶所用的茶叶、器具和水，向宾客行礼。

第八章 修习茶艺

备具

行礼

2. 温具

用热水温润茶壶、公道杯和品茗杯。

温壶

温公道杯

温杯

3. 置茶

将茶叶投入瓷壶，此时可嗅闻干茶香。

置茶

4. 注水

注入热水至壶满。

注水

5. 出汤

将壶中的茶汤沥至公道杯。

出汤

6. 分汤

将茶汤均匀地分至各品茗杯中。

分汤

7.品茗

向客人奉茶,留一杯给自己。一同品饮茶汤,闻茶香、观色、赏味、闻杯底香,交流感受。

奉茶

品茗

8.续茶

继续冲泡,重复步骤3~6。

续茶

二、天姥红茶商务型冲泡

为适应茶品推介等需要,快速、简洁、科学地让品茗者充分感知茶的色、香、味、韵等品质特征的一种冲泡方法。

(一)器具选配

白瓷盖碗、玻璃公道杯、白瓷品茗杯等(表8.20)。

商务型冲泡

表 8.20 天姥红茶商务型冲泡器具选配

冲泡方式	种类	设备名称	规格型号	数量/个
商务型	泡茶用具	白瓷盖碗	容量：120毫升	1
	煮水用具	随手泡	容量：≥1 200毫升，示温功能	1
	盛汤用具	玻璃公道杯	容量：200毫升	1
	品茶用具	白瓷品茗杯	容量：50毫升	4～6
辅助用具		茶叶罐（或直接使用商品包装）	适宜	1
		茶荷	适宜	1
		茶巾	适宜	1
		茶匙	适宜	1
		茶匙架	适宜	1
		水盂	适宜	1
		盖置（可略）	适宜	1
		杯垫	圆形和方形（尺寸不限）	4～6
		壶承	圆形和方形（尺寸不限）	1
		计时器	适宜	1
		电子秤	精度：0.1克	1

第八章 修习茶艺

（二）冲泡参数

冲泡用具以白瓷盖碗为宜，冲泡参数如表 8.21 所示。

表 8.21 天姥红茶商务型冲泡方法的冲泡参数

器具	器具容量/毫升	投茶量/克	水温/℃	第一泡/秒	第二泡/秒	第三泡/秒
白瓷盖碗	120	4.0	沸水	10	5	5

（三）冲泡流程

1. 备具

准备好泡茶所需的器具、茶叶与水。

器具准备　　　　　　　　　　茶叶准备

2. 温具

温盖碗、公道杯和品茗杯。

温盖碗　　　　　　温公道杯　　　　　　温杯

3. 置茶

将 4 克茶叶投入盖碗中，闻汤前香。

置茶

4. 注水

注入热水至七成满,热水均匀浸润茶叶。

注水

5. 出汤

将盖碗中的茶汤出至公道杯,沥尽,再分斟至品茗杯。

出汤

第八章 修习茶艺

6. 分汤

分汤

7. 品茗

将茶汤奉给对面的客人或朋友，一同品饮茶汤，闻茶香、观色、赏味、闻杯底香，交流感受。

品茗

8. 续水

继续冲泡，重复步骤 3～6。

续水

续茶

三、天姥红茶便捷型冲泡

在办公、差旅等日常生活场景中，以方便、快捷为目的的一种冲泡方法。

便捷型冲泡

（一）器具选配

同心透明玻璃杯或直口玻璃杯、随手泡、储水壶等。详见表8.22。

表8.22　天姥红茶便捷型冲泡器具选配

冲泡方式	种类	设备名称	规格型号	数量/个
便携型	泡茶用具	同心透明玻璃杯	容量：250毫升	1
	泡茶用具	直口圆玻璃杯	容量：250毫升	1
	煮水用具	随手泡	容量：≥1 200毫升，示温功能	1
	盛水用具	储水壶	容量：800毫升	1
	辅助用具	茶叶罐（或直接使用商品包装）	适宜	1
		茶荷	适宜	1
		茶巾	适宜	1
		茶匙	适宜	1
		茶匙架	适宜	1

表 8.22（续）

冲泡方式	种类	设备名称	规格型号	数量/个
辅助用具		奉茶盘	适宜	1
		计时器	适宜	1
		电子秤	精度：0.1 克	1

（二）冲泡参数

冲泡用具以玻璃杯为宜，冲泡参数如表 8.23 所示。

表 8.23 天姥红茶便捷型冲泡方法的冲泡参数

器具	注水容量/毫升	投茶量/克	水温/℃	冲泡步骤
同心透明玻璃杯	200	4.0	80	①冲泡 60 秒，取出滤杯，即可饮用 ②续水冲泡时间为 40 秒，续泡风味基本保持
直口圆玻璃杯	200	2.0	沸水－常温水	①加入 3/4 容量（150 毫升）的沸水冲泡 60 秒 ②再注入 1/4 容量（50 毫升）的常温饮用水，即可饮用

（三）冲泡流程

1. 同心透明玻璃杯冲泡

备具—置茶—注水—静置—出汤—品茗—续水。

（1）备具

根据日常生活情况，准备同心杯、茶叶等。

备具

（2）置茶

将茶叶投入同心杯中（可直接使用商品包装置茶）。

置茶

（3）注水

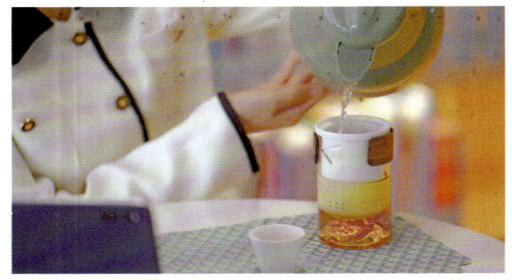

注水

（4）静置

静置60秒

■ 第八章　修习茶艺

（5）出汤

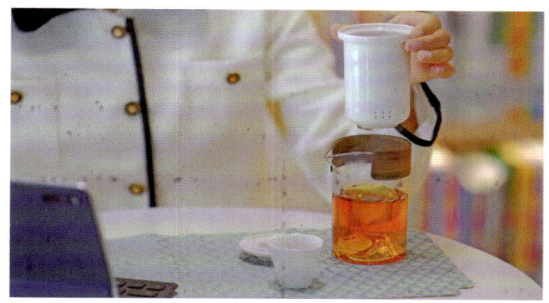

出汤

（6）品茗

品茗

（7）续水

续水冲泡时间为 40 秒，续泡风味基本保持。

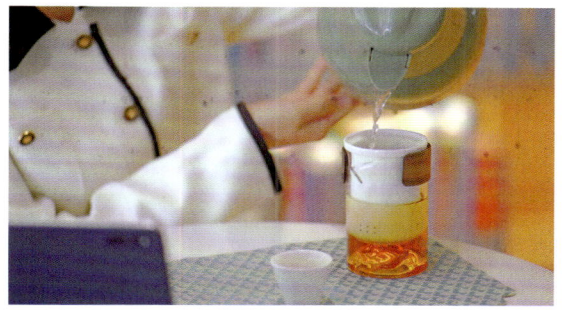

续水

2.直口圆玻璃杯冲泡

备具—置茶—注沸水—静置—注入常温水—品茗—续水。

（1）备具

根据需求准备泡茶所需玻璃杯、茶叶、水等。

备具

（2）置茶

将茶叶投入玻璃杯中（可直接使用商品包装置茶）。

置茶

（3）注沸水

注入150毫升的沸水冲泡。

■ 第八章 修习茶艺

注沸水

(4) 静置

静置60秒。

静置

(5) 注入常温水

加入50毫升的常温饮用水。

注入常温水

（6）品茗

品茗

（7）续水

续水

四、天姥红茶生活茶艺

红茶可以选用多种方法冲泡。上述品鉴型、商务型、便捷型茶艺分别选用了瓷壶、盖碗、玻璃杯等不同的器具进行冲泡。在生活中红茶除了泡饮还可煮饮，特别是在寒冷的冬季，煮上一壶红茶浓醇香甜，还可以加入桂花、牛奶等佐料，制成一壶香香甜甜的桂花烤奶。

生活茶艺

（一）器具选配

选配器具：炭炉、煮茶壶、茶则、茶匙、配料盘、受污、水盂等。

泡茶用水：天然饮用水或纯净水。

器具选配

（二）冲泡参数

天姥红茶的冲泡参数如表8.24所示。

表8.24　天姥红茶的冲泡参数

茶	水	器	茶水比	冲泡水温	冲泡步骤
天姥红茶	天然饮用水或纯净水	煮茶壶或烤茶罐	1：（100～150）	沸水	炭火炉烧旺，水壶装水，搁于炭炉上煮水。水至二沸下茶，待煮开后再煮1分钟左右即可倒出

（三）冲泡流程

1. 红茶煮茶法

备具—置茶—煮茶—分茶—奉茶—品茗—续茶。

（1）备具

炭火炉烧旺，水壶装水 300 毫升左右，搁于炭炉上。

备具

（2）置茶

烧水至二沸时，取 2 克茶叶置于壶中。

置茶

（3）煮茶

待茶煮开后再煮 1 分钟左右即可倒出，分至品茗杯。

第八章 修习茶艺

煮茶

（4）分茶

分茶

（5）奉茶

奉茶

(6) 品茗

品茗

(7) 续茶

第二次煮 2～3 分钟即可出汤品饮。

续茶

2. 红茶桂花烤奶煮饮法

备具—投茶—烤茶—加桂花—注水—煮茶—加佐料—分茶—品茶。

(1) 备具

准备好桂花烤奶所需要的器具、茶叶及配料（牛奶、冰糖、桂花等），炭炉生火。

第八章 修习茶艺

器具及材料准备

（2）投茶

将烤茶罐放于炭炉上，底部预热，待发白时下茶，抖动茶罐使茶叶均匀受热，待茶叶烤出茶香下桂花，一起抖烤。

投茶

（3）烤茶

烤茶

(4) 加桂花

加桂花

(5) 注水

注入 1/2 沸水煮茶。

注水

(6) 加冰糖

加入适量冰糖。

加冰糖

第八章　修习茶艺

（7）加牛奶

茶煮开后加入 200 毫升牛奶，煮出奶皮即可。

加牛奶

（8）加桂花

最后加入桂花装饰，即可倒出。

撒上桂花

（9）分茶

将桂花烤奶茶分给大家，一起品茶。

分茶

（10）品茶

品茶

第五节　生活茶艺

白茶、黄茶、乌龙茶、黑茶四大茶类，因品质差异大，水温、茶水比、浸泡时间等冲泡参数也有区别。但在日常生活中，四类茶的冲泡流程基本相同。

一、生活茶艺冲泡参数

白茶、黄茶、乌龙茶、黑茶四大茶类生活茶艺冲泡参数介绍如下。

（一）白茶生活茶艺冲泡参数

制作白茶时不揉不炒，叶细胞破碎率较低，干茶体积较大，茶汁浸出速度较其他茶类慢，因而投茶量较大，一般5克茶用100毫升水；泡水温度较高，常需要90℃以上，特别是冲泡白毫银针，需要95℃以上的沸水；冲泡时间较其他茶类稍长。白牡丹、寿眉等干茶叶形较松散，一般选用容量较大的壶或者盖碗冲泡。老白茶可以选用大壶煮饮，风味更佳。因白茶汤色较浅，品饮时宜选用白瓷品茗杯，以便观赏汤色。

以白牡丹茶为例，冲泡参数如表 8.25 所示。

表 8.25　白牡丹茶的冲泡参数

茶样	对象	投茶量/克	水温/℃	注水量/毫升	冲泡时间		
					第一泡/秒	第二泡/秒	第三泡/秒
白牡丹茶	成人	5	90	100	60	30	40

（二）黄茶生活茶艺冲泡参数

茶叶的老嫩不一样，冲泡参数也不一样。日常生活中，黄茶一般采用 1：（30～40）的茶水比进行冲泡。单芽的黄芽茶、一芽一二叶的黄小茶，选用 80～85℃的水冲泡；芽叶粗老的黄大茶，则需要使用刚煮沸的开水冲泡。

以黄小茶——莫干黄芽茶为例，冲泡参数如表 8.26 所示。

表 8.26　莫干黄芽茶的冲泡参数

茶样	对象	投茶量/克	水温/℃	注水量/毫升	冲泡时间		
					第一泡/秒	第二泡/秒	第三泡/秒
莫干黄芽茶	成人	3	80	100	80	50	100

（三）乌龙茶生活茶艺冲泡参数

乌龙茶因为茶叶原料比较肥壮、成熟，一般用沸水冲泡，才能让它的香气充分发挥出来。乌龙茶比较耐泡，一般可以冲泡 5～7 次。

以凤凰单丛茶为例，乌龙茶参考冲泡参数如表 8.27 所示。

表 8.27　凤凰单丛茶的冲泡参数

茶样	对象	投茶量/克	水温/℃	注水量/毫升	冲泡时间		
					第一泡/秒	第二泡/秒	第三泡/秒
凤凰单丛茶	成人	5	80	100	70	55	60

（四）黑茶生活茶艺冲泡参数

黑茶的原料相对成熟或粗老。日常生活中，冲泡黑茶一般采用1∶（20～30）的茶水比，并且选择刚煮开的水进行冲泡。经过压制的黑茶，在冲泡之前需要将茶块拆解，注意尽量不要把茶叶掰得很碎，泡第一道茶汤时，需要等待茶叶稍稍舒展。

以六堡茶为例，冲泡参数如表8.28所示。

表8.28　六堡茶的冲泡参数

茶样	对象	投茶量/克	水温/℃	注水量/毫升	冲泡时间		
					第一泡/秒	第二泡/秒	第三泡/秒
六堡茶	成人	5	90	100	40	30	30

二、生活茶艺冲泡流程

以黑茶（六堡茶）为例，选用紫砂壶进行冲泡。

（一）冲泡准备

1. 茶具

茶席正视

茶席俯视

茶席侧视

（二）冲泡流程

温具—置茶—温润泡—冲泡—沥汤—奉茶—品茶—收具。

1. 温具

打开茶壶盖，注入1/3壶热水，加壶盖，待壶温热，再持壶弃水。

第八章 修习茶艺

注水

温壶

弃水

2. 置茶

将茶叶拨入壶内,加壶盖,借助壶内的热度醒茶。

置茶

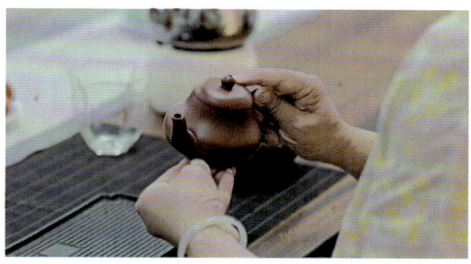
醒茶

3. 温润泡

注水 1/4 壶,温润茶叶。

注水

温润茶叶

4. 冲泡

注水,加壶盖,第一次冲泡需等待。此时可以依次温茶盅、品茗杯。

白茶、黄茶、乌龙茶、黑茶因茶类不同,冲泡时间也不同,冲

泡参数可以参照以上。

注水

温盅

温品茗杯

5. 沥汤

时间到，持壶沥汤至茶盅，再持茶盅均匀分汤入品茗杯。

沥汤

分汤

6. 奉茶

行礼，双手端杯，奉茶汤。

端杯托

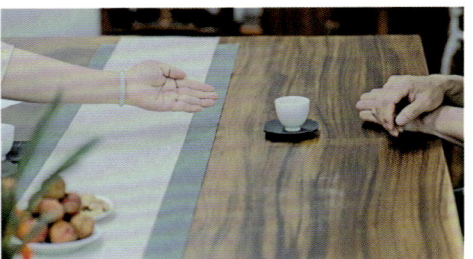
示意请用茶

7. 品茶

品茶

8. 收具

品饮结束,送别品茗者,再做好茶具的清洁、整理和收纳。

清洁

整理

第九章 主题茶艺编创

茶艺可分为生活茶艺、营销茶艺、修习茶艺、创新茶艺等。本章重点探讨主题茶艺的编创与案例分享。

主题茶艺编创

第一节 主题茶艺编创要素与步骤

主题茶艺作为一种新的艺术形态,在茶文化推广与传播中发挥了重要作用。一个优秀的主题茶艺作品,不仅可观赏性强,而且思想内涵深刻,能够触及人们内心深处,让人们产生共鸣、共感或共情。

一、构成要素

主题茶艺涉及很多学科与领域,如茶科学、茶文化、美学、文学、绘画、音乐、书法、花道、香道、人体工学、礼仪、形体等。创新茶艺充分体现了综合艺术的特点。茶艺编创需要以下要素。

要素一，主题与题材。

要素二，茶席创作。

要素三，冲泡参数与茶汤。

要素四，演示者与演绎。

要素五，意境营造与艺术呈现。

一个优秀的主题茶艺作品，五要素缺一不可。前三要素是基础，后二要素是作品艺术呈现、表达与阐述的方式与方法，也是作品审美提升、内涵表达深化的手段之一。

二、主题与题材

茶艺的核心是泡好一杯茶，呈现茶道之美，蕴含茶道思想。主题与题材的选择有以下要点。

要点一，以中华茶道思想为指导。

要点二，注重原创性。

要点三，立意高远或深远。

要点四，以小见大，选题小，挖掘深。

主题茶艺作品《一缕清风入怀来》结合本地人文故事乡贤题材，"都说甄完刚正不阿，是清官第一，是怎样的历练成就了你的品格？我真想，走一走你曾经走过的路，去寻找我的答案"。穿越回首甄布政守正清廉的一生，追念他清廉为官的高尚品行，传扬以茶养廉的缕缕

一缕清风入怀来

清风。作品选题小，挖掘深，以小见大。

三、茶席创作

茶席作为一个独立的静态艺术，是茶艺创作的基础，是主题茶艺作品成功的关键一步。茶席创作的基本要求一是舒适，二是美观，三是寄予思想与情感。在主题茶艺编创中茶席的创作应紧扣故事主题，茶品、茶具、铺垫、插花、背景等相关物品都应紧紧围绕主题展开铺陈，与主题无关的元素尽量弃用，使茶席呈现和谐统一。主题茶艺作品《茶源·一片树叶》，作者是一位小学老师，结合儿童学习的特点，将其亲手绘制的少儿画制作成茶艺背景，通过茶与绘画的创新结合，用更加生动形象的方式让孩子们了解与学习中国茶文化的发展历史。

茶源·一片树叶

四、冲泡参数与茶汤

一杯温度和浓度适宜，又盛载着创作者心意和情意的可口的茶汤，是创新茶艺作品区别于其他艺术作品的根本特点。呈奉一杯好茶汤，关键是冲泡参数的设定和演绎过程中对冲泡参数的精准把握。创新茶艺的冲泡参数主要包括水温、茶水比、浸泡时间等。浸泡时间与茶水比呈负相关，茶水比越大，浸泡时间越短；茶水比越小，浸泡时间越长。这需要在演绎过程中做几次试验，来确定参数。温杯、置茶、冲泡、奉茶等演绎流程的设计围绕一泡"好茶汤"而进行，要求科学、合理、严谨。

五、演示者与演绎

创作者演绎自己的作品，创作者又是演示者，这是主题茶艺作品区别于其他艺术作品的又一个特点。茶人的初心只是泡好一杯茶。表演艺术并非茶人的专长，茶人不是演员。相对于表演者，演示者有更高的要求。以一杯"好茶汤"为主线，演绎真情实感，赋予"好茶汤"以人文情怀或哲学思考。演绎的过程，也是创作的过程。恭奉"好茶汤"时，创作才真正完成。

（一）演示者

文化的力量就是"文而化人"。长期受茶文化的熏陶，演示者应知行合一，有涵养、有茶德。"腹有诗书气自华"，"气质"比"容貌"更迷人，"沉稳"比"美貌"更有魅力。

（二）服饰

服饰的色彩、款式、质地与创作整体意境营造相协调。大长袖、大挂饰等不便操作；超短、暴露的衣裳与茶的内涵相悖。

（三）肢体

围绕泡茶操作的肢体动作，自然、大方、得体即可。切忌矫揉造作、夸张多余。

（四）神态

心无旁骛、一心一意。专注的神情，无须语言，就有非常强大的震撼力。

（五）情感

真实，真情。

主题茶艺作品《家风传承》,演示者在演绎时并无过多言语,心无旁骛,全神贯注,以真情实感冲泡了一杯饱含回忆的茶,一杯"好茶汤"令人久久回味。

家风传承

六、意境营造与艺术呈现

（一）意境营造

中国传统艺术均讲究意境,意境营造是茶艺创作的最高要求与难点。意境的有与无,也是衡量茶艺作品成败优劣的标准。一个茶艺作品,通过实景的营造、演示者的演绎,让观者产生联想,实"景"与观者脑海中的"境"相交融。当然,这与观者的艺术修养、文化素养也有密切的关系。

茶席创作中音乐选用、背景设置、解说、灯光、空间布置等艺术呈现都是意境营造中实景的一部分。

（二）艺术呈现

作品的艺术呈现,其实是各要素综合呈现的过程,是非常重要的环节。呈现中光色、光强、声量、声频等都需不断变化,需有专人调控。

第九章 主题茶艺编创

第二节 主题茶艺编创案例分享

作品一：第二届全国乡村振兴职业技能大赛银奖主题茶艺编创作品《蝶变》

蝶变

一、主题思想

自己由离职迷茫遇见茶、经习茶而"蝶变"，重返家乡以技能和科技帮助家乡产生的"蝶变"，融入茶＋科技新质生产力的发展的这一国家战略。从个人奋斗、家乡巨变中，折射出祖国从站起来、富起来到强起来的"蝶变"，由此感恩职业技能教育给个人和家乡带来的新面貌，赞美和讴歌这个伟大的时代。

二、创作思路

在国家全面推进乡村振兴的决策部署下，全国有无数的乡村都发生了翻天覆地的变化。以一个小我的成长及努力，以茶的新质生

产力为手段，让自己的命运与家乡和祖国同频同步，在亲历家乡从贫穷到富裕的巨变中，也找到了自己的人生价值。祖国强盛，乡村大美，也见证了我由迷茫到坚定，最终羽化成蝶，开启新的人生。

三、茶叶品名

绿茶：天姥云雾。

四、背景与茶席

（一）背景部分

家乡绿水青山的茶园、古老房子改建的民宿、采茶节、樱花节、诗歌节热闹非凡，游客纷至的热闹景象。

以老照片的形式，回忆曾经村落偏远，美丽而寂静的家乡。

自己的蝶变，习茶让我找到了人生的方向，我重回家乡，当好乡村振兴的带头人，带领掌握新知识的年轻人利用高科技、互联网助力家乡快速发展。

（二）茶席部分

以场景展现家乡现在的风光，背景是家乡茶山，右前方置一个围炉煮茶空间，"我在小将等你"点明家乡，茶台上摆放着新开发的茶饮大佛龙井和天姥红茶。

正面的茶席，选用青色＋白色的茶席，搭配家乡的影青茶具，呈现素雅简约之美。以青白观照内心，衬托天姥云雾茶汤的温和鲜美。桌面摆放通过数字育苗技术繁育的茶树新品种，寓意创新的精神传承。

五、茶艺音乐

自创音乐：新编越剧音乐＋轻音乐。

六、演示流程

上场—行礼入座—赏茶—温具—冲泡—分茶—奉茶—结束。

七、创新点

其一,主题以小见大,抓住个人奉献、乡村振兴和国家巨变的同频共振,叙事具体而视野宏阔。

其二,结合古老的戏剧形式,以现代年轻人的视角演绎茶的故事。

其三,所冲泡的茶品天姥云雾,是通过数字育苗培育出来的新品种加工制作而成。

八、解说词(部分)

"八山半水分半田,山峦耸翠云雾间。"欢迎来到我的家乡"大美小将",春季的小将樱花、桃花、油菜花争相绽放。远处是连绵竹海,近处是鸟语茶香,采茶节、樱花节、诗歌节,热闹非凡,游客慕名而来忘情于山水之中。但十年前的小将却是另一幅光景。村落偏远,交通不便,产业不强,没有年轻人愿意留在村子里,"走出去"成了唯一的出路。

十四岁时我考上了艺校,

《蝶变》现场演绎

也离开了家乡，本想努力成为梨园新秀的我，却因油彩过敏而凄然退出舞台。就在我黯然伤神，一片迷茫之际，总书记频频开展大国外交，以茶会友，品茶论道，助力中国茶迈上新阶段，深深触动了我。村里山前屋后的茶树、采茶制茶的劳作、客来奉茶的习惯，原本在我看来都是俗人琐事，如今却拥有了新的文化属性。对，就是这杯茶，我从小喝到大的茶，它承载着中国厚重的传统文化，袅袅上升的氤氲，温暖了我内心的希望。从此，我开启了茶艺的求学之路……

作品二：第四届全国茶艺师职业技能大赛银奖主题茶艺编创作品《一路茗香入剡溪》

一路茗香入剡溪

一、主题思想

讲述自己从长在茶乡、到都市白领、再复归茶乡的心路历程，通过从小养成和活态传习茶道茶艺，演绎"用心传承文化，用行呵护未来，让东方茶道永流传"。

二、创作思路

我的家乡在李白为之梦萦魂牵的天姥山，这里古称剡东，是浙东唐诗之路的精华地，也是具有 2 000 多年历史的产茶名区。唐代盛产剡溪茗，茶圣陆羽、茶僧皎然、茶姑李冶都曾入剡考茶，品茗赋诗，意甚相得。

当我开始接触茶道茶艺文化时，学到的第一课就是皎然的茶诗《饮茶歌诮崔石使君》，诗中描写了著名的"三饮论"，在世界上最早提出"茶道"二字。而我发现皎然品饮的剡溪茗就是我的家乡茶。因此，我为之振奋而自豪，并愿以自创茶艺表演的形式和回乡教学少儿茶艺的方式，尽我微薄之力，弘扬茶道文化，传播茶道精神。

三、演示流程

出场（唐诗朗诵）—取茶—温盖碗与茶盅—赏茶—置茶—润茶—冲泡—温品茗杯—出汤—奉茶—结语—行礼。

四、茶叶品名

绿茶：天姥金芽。

五、茶艺音乐

妆台秋思（音乐悠扬意味茶文化博大精深）、沉香（音乐欢快意味少儿天真无邪）。

六、茶席创作

根据文案的主题思想，采用跪泡式，表达对茶文化的敬畏与虔诚。茶桌沉稳大气，透出盛唐雄健的气概。茶具既有唐代越窑青瓷韵味，又有现代创新元素，意味中国茶文化的传承与创新，更能衬托"天姥金芽"诱人的茶汤。配置文房四宝与古代线装版《唐诗三百首》，增加了茶席的书卷气息和唐诗意韵，寓意唐诗之路源远流长，茶道文化永流传。

七、创新点

在茶艺展示中增加了茶道文化的内涵,增强了文化自信。在茶文化传承上突出了少儿茶艺的教学实践,在幼小的心灵上播撒茶文化的种子。在背景视频制作上,采用我家乡秀美的茶园风光,更有童声吟诵唐代著名茶诗,增强了视频的艺术性。

第十章 雅集茶会

茶会与雅集，是茶文化在社会生活及人际交往中的一种体现形式。无论是"琴棋书画诗酒茶"，还是"柴米油盐酱醋茶"，茶所具备的包容性、互融性，使茶成为社交场上的润滑剂，创造出和谐的氛围，协调甚至增进了人与人的关系。茶会也日渐成为一种内涵丰富、形式多样、互为认同的新型茶文化活动方式。

第一节　茶会的创新设计

以茶聚会，从魏晋伊始，兴于唐，盛于宋，流行于明清，延及今日，是历代茶人展现自身品位、培育协作意识、取得社会认同的重要手段。在千百年的发展历程中，茶会一直体现出强烈的时代性，在传统的以茶待客、以茶会友、以茶联谊、以茶为媒的习俗中不断发展，不断进步，各种以茶聚会的活动越来越多，茶会形式也不断创新。

一、主题的创新

茶会主题以优秀的传统文化为根基，注重创新和升华，不断学习、认知、过滤、精进，从而创造出适合时代的茶会与雅集。

（一）主题符合时代精神

茶会主题既可以从大到小，也可以小见大。茶会旨在传播科学知识，弘扬真、善、美的正能量，弘扬社会主义核心价值观，展现文明和谐、积极健康的社会风貌。

（二）主题符合茶道精神

茶会主题又应符合并体现茶道精神。无论是庄晚芳先生提出的"廉、美、和、敬"四德，还是周国富先生提出的"和、敬、清、美、乐"，或吴振铎先生提出的"清、敬、怡、真"四义，都是对茶道茗理的概括和归纳，体现了茶的精神价值。

（三）主题具融合性

茶会的主题可以兼容，并列的主题因其相似的本质特征，能使茶会的内容更加丰富，既节省时间和空间，又表现出明确的目标指向。如以财富和企业经营为主题的"财智茶会"，是邀请相关人士分享成功案例、探讨财智话题的一种茶会形式。很多企业的年度总结会、新品发布会、客户答谢会，也会采取这种形式。

文人雅士的主题沙龙、都市人群的休闲社交集会、企业年度茶话会、艺术界音乐茶会、文玩鉴赏茶会、四序雅集、二十四节气茶会、行走茶会、静修茶会、家庭茶会、婚庆茶会……不论是哪种形式、何种内容的茶会活动，"茶"都是社交媒介，联系着人和事，发挥其独有的社会功能。

二、形式的创新

随着饮茶逐渐成为一种社会风尚，大大小小的茶会也随之出现在人们生活中，同学亲友间自由松散的茶话会、志同道合者的雅集，还有电影、电视等媒体中不断出现的茶饮场景等，都反映了茶饮文化的流行，也促使茶会形式不断发展创新。

无我茶会、百家茶汤品赏会、茶汤作品欣赏会等各种新时代雅集茶会形式异彩纷呈。大体上，现在比较流行的茶会形式有茶席式、宴会式、流觞式、环列式、礼仪式五种类型。

（一）茶席式茶会

茶席式茶会是最为常见的茶会形式，核心是设置茶席招待客人。

根据茶席所处的场地不同分为三种形式：在室内茶桌上设置泡茶席招待客人；在庭院或者户外席地设置茶席招待客人。

茶席式茶会可以根据参与者多少，决定茶会规模。

（二）宴会式茶会

宴会式茶会是为了庆祝有意义的事情或招待来宾而举办的大型茶会。宴会式茶会可以设置许多茶席，每个茶席同时冲泡相同或者不同的茶，称为"茶席个别供茶式"；也可以全场只设置一个总茶席，统一供应各种茶水、点心，为"统一供茶式"。

宴会式茶席就座比较自由，大家可以游走于会场中，观赏各茶席或找朋友聊天。这种茶会客人多、场面大，茶往往并不是主角，一般用于企业年会、客户答谢会、产品推介会。

（三）流觞式茶会

这是由"曲水流觞"演变而来的一种茶会形式，也称"曲水茶会"。流觞式茶会举办地有室内复制再造的曲水景观，也有室外自然的曲水景观。大家围坐曲水两侧，事茶人集中于上游泡茶，将泡好的茶用茶盅盛放，然后将茶盅与茶点放入可以漂浮水面的羽觞，任它顺流而下，大家可以随意取饮、取食。茶会进行到一半时，又会有载着纸笺的羽觞顺流而下，参加者自取，然后按照纸笺上面的要求完成任务，或吟一首诗，或唱一首歌，或讲一个故事，或回答一个问题，或做一件事等。这种形式的茶会，适用于人数不多、规模不大、与会者品位相近的小型雅集。

（四）环列式茶会

这种茶会得名于茶会场面设计，茶席座次环列成圆圈成方形，不论泡茶者还是饮茶者，依席而坐。既可布桌席，亦可以地为席，席次与座次通常抽签决定，如毕业茶会、无我茶会等。如果是主题茶会，则围绕主题选择茶品、铺设茶席、编排节目；如果是无主题茶会，则茶席、茶品、泡法皆可随意。这种形式既可用于室内，也可用于室外。

（五）礼仪式茶会

还有一些茶会，举办时比较严谨，会有很多标准化的仪式。通常用这种茶会来表达某种特定的意义。如以"四序茶会"来表达人们遵循春、夏、秋、冬四季运转的自然规律，领悟茶道和礼仪，修正身心的美好愿望。这个茶会不仅在布局上有一定的讲究，还会有行香、行花、行茶等礼法。

第二节　茶会创新案例分析

以一场茶会雅集为例，具体分析茶会雅集的各项事宜。

茶会雅集已经成为人们崇尚美、追求美、表达美、阐释美、传播美的一种生活方式。此处以至纯至美茶艺交流暨天姥茶情雅集为例分析。

一、茶会主题

茶会主题为天姥茶情雅集。

茶会主题

天姥茶情雅集诠释"大佛茶艺"之美，歌唱诵读"天姥茶韵"

之美，使四方宾客感知新昌源远流长的茶历史，体会新昌至纯至美的茶文化。

二、茶会时间、地点

2019年4月10日晚7时，万怡酒店三楼宴会厅。

三、活动流程

流程一，嘉宾签到。
流程二，暖场视频。
流程三，嘉宾介绍。
流程四，领导致辞。
流程五，唐诗、茶艺等节目表演。

四、茶会特点

天姥茶情雅集晚会设置了茶艺、茶诗、茶歌、茶舞四大类节目，时长90分钟，旨在向宾客展示新昌历史悠久、至纯至美的茶文化。

茶会的主要内容包含：新昌调腔演绎的《梦游天姥吟留别》、诗歌朗诵《饮茶歌诮崔石使君》、茶艺表演等节目。期间茶艺师们冲泡大佛龙井、天姥云雾、天姥红茶三款不同的茶，与嘉宾一起分享美好茶时光，大佛龙井采用一芽一叶精制而成，品质超凡，外形扁平光滑、尖削挺直，色泽绿翠匀润，高香持久，汤色杏绿明亮，滋味鲜醇爽口。天姥云雾外形卷曲紧结，色泽翠润，汤色明亮，嫩香持久，汤色绿黄明亮，滋味鲜醇。天姥红茶外形锋苗紧细，乌黑油润，滋味鲜嫩甜香，汤色鲜红明亮，滋味甘爽醇厚。

茶会雅集细节

第十章　雅集茶会

茶会雅集现场

第十一章 茶饮的创新设计

茶为国饮,传承千年。随着时代的快速发展,人们的消费水平和消费观念也逐步发生改变,新形势下的茶饮在传承与创新中发生了巨大的变化。

第一节 茶饮创新现状与趋势

一、茶饮创新现状

就饮用方式而言,传统茶饮以清饮为主,就是将茶叶放入壶(杯)中,加沸水冲泡,品味茶的原汁原味,这是茶饮最为传统的方式。

20世纪70—80年代,以美国调味茶饮料和日本纯茶饮料为代表的液态茶饮料,开创了茶叶饮用的新时代。这种以工业化、标准化生产的,可随时饮用的茶饮新方式,突破了传统茶叶饮用的地域、环境和条件的束缚,显著拓展了茶叶饮用范围和适宜人群。中国液态茶饮料从2000年的85万吨发展到2020年的1 500万吨,增长了近18倍,成为一种与传统中国茶叶消费不同的饮用方式。

20世纪90年代,受我国香港和台湾奶茶文化的影响,奶茶在我国风靡大江南北。早期的奶茶主要以茶粉、奶精、风味糖浆、现成珍珠等人工调料冲制为主,不含鲜奶和茶。进入21世纪,随着消费需求的不断提升和中国茶产业的快速发展,在原叶茶消费增长和速

第十一章 茶饮的创新设计

溶茶饮料发展的影响下，奶茶逐步发展为以茶叶、鲜奶、蔗糖、新鲜水果等天然食材为原料，佐以仙草、现成珍珠、冰激凌等配料，由人工现场操作调配与机器辅助相结合制成的茶饮。

2011年，台湾奶茶品牌"一点点"正式入驻上海，以高性价比、独特的奶茶配方和新颖的店铺设计受到了消费者的普遍欢迎。2012年，喜茶率先将芝士、奶盖与茶结合，研发出年轻人喜欢的芝士茶，因受到广大年轻人的热捧而得到快速扩张与发展。随着人们消费水平的提升和消费观念的升级以及对健康、时尚、新潮、个性的追求，具有趣味性、时尚感、参与感、体验感、健康便捷、口感优良且多样等特征的新式茶饮脱颖而出，成为互联网时代的新风口，受到了资本市场的追捧，并成为茶叶消费的新趋势和茶业经济新的增长点。到2023年，中国新茶饮门店已超50万家，年消耗茶叶超20万吨，年消费市场规模约1 500亿元。

二、茶饮未来趋势

新式茶饮作为茶叶消费的新途径之一，有着广阔的发展前景，并随着时代的发展和需求的变化不断创新。

（一）健康化

新茶饮的发展从好喝、便利性开始，已全面进入追求营养阶段。围绕"健康""养生"等关键词，消费者越来越注重茶饮的营养价值和原材料的安全性，对高品质的茶叶和新鲜的配料有更高的要求。未来新茶饮的趋势是能量向下、营养向上，这不是讲究追求更多能量的时代，而是讲究全面营养、健康控糖的时代。

（二）个性化

消费者对个性化定制的需求不断增加，针对不同地域、性别、年龄的差异化需求，茶饮行业也开始提供个性化定制的服务。消费者可以选择茶底、甜度、冰度等，根据自己的口味定制一杯独一无二的茶饮。同时个性化的茶饮产品也将不断涌现。

（三）多元化

茶饮行业与其他行业的融合创新也成为发展的趋势。茶饮品牌与咖啡馆、糕点店等合作，推出茶饮搭配甜点的组合，满足消费者对多样化口味的需求。

（四）国际化

茶饮行业的国际化发展也呈现出良好的趋势。越来越多的茶饮品牌开始进军国际市场，将我国的茶文化带到世界各地，满足不同国家和地区消费者的需求。

第二节　新式茶饮的主要类型

新式茶饮是在茶饮行业的一大创新，是指由上等茶叶，辅以不同的萃取方式提取的浓缩液为原料，并根据消费者偏好添加牛奶、奶油、芝士、水果、坚果以及各种小料调制而成的饮料。总体可分为奶茶系列饮料、果蔬茶系列饮料、原味茶系列饮料、气泡茶系列饮料等。

一、奶茶系列饮料

奶茶系列饮料可根据消费者的喜好，调整糖度、冰度，同时提供多种口味的茶底，如红茶、绿茶、乌龙茶等，满足个性化需求。奶茶口感醇厚，甜而不腻，通过添加各种配料如珍珠、布丁、椰果等，打造出丰富多变的口感。有的产品还将牛奶、芝士、动物奶油等打成奶沫覆盖在茶汤上面形成"奶盖"，既可以将奶汁和茶汤分开饮

奶盖茶

第十一章 茶饮的创新设计

用，也可以混合饮用，好喝也好玩，因此受到了年轻人，特别是女性消费者的喜爱。

二、果蔬茶系列饮料

果蔬茶系列饮料以新鲜水果和蔬菜为主要原料，如柠檬、橙子、草莓、黄瓜、苦瓜、胡萝卜等。保留了水果和蔬菜的天然风味和维生素。茶香混合果蔬清香，清冽爽口，适合夏季消暑解渴。同时大多蔬菜的维生素、矿物质、膳食纤维的含量都高于水果，且含糖量更低，可以平衡水果的甜腻与酸涩，突出清爽的口感，并为饮品增色。二者一同入茶，无疑为茶饮的健康属性做了加乘，精准戳中当下年轻人养生痛点，刺激购买欲。

果蔬茶

三、原味茶系列饮料

以优质特色的绿茶、乌龙茶、花茶等为主要原料，通过现场手工制作和外观美化设计而成。主要选择香气浓郁、滋味鲜爽或醇爽的茶叶为原料，采用长时间冷泡或快速热泡的特殊制作方式，现场加工出香气独特、浓郁和滋味鲜醇可口的特色茶汤，适合对纯茶苦涩感和热量摄入量比较敏感的人群饮用。既解决了口感需求，也解决了因为高蛋白、高糖等可能带来的健康问题，是今后新茶饮一个重要的发展趋势。

原味茶

四、气泡茶系列饮料

气泡加茶的组合瞄准年轻人解渴、解腻、解乏的综合需求,以真实的茶汤为基础融入气泡,也进一步丰富了传统茶饮料的口感。同时消费者对于气泡类产品的热情度始终较高,因为气泡饮料有清新的口感、细腻的气泡,能够很好地满足口感丰富度上的需求,带来全新的体验。

气泡茶

第三节 调饮茶的制作与案例分析

一、奶盖龙井

此饮品以大佛龙井的鲜醇口感辅以抹茶的清新色绿,搭配牛奶的顺滑,不仅风味独特,而且营养丰富,入口仿佛置身茶园,满是春天的气息。

(一)配料

大佛龙井3克、抹茶粉2克、全脂牛奶120毫升、果糖25毫升、冰块、淡奶油150克。

(二)器具

盖碗、公道杯、法压壶、雪克壶、量杯、茶筅、配料碟等。

奶盖龙井

■ 第十一章 茶饮的创新设计

器具及配料准备

（三）步骤

步骤一，盖碗中投入 3 克大佛龙井，倒入沸水 150 毫升，浸泡 3 分钟沥出茶汤，待用。

置茶

冲泡

出汤

步骤二，量杯中加入 2 克抹茶粉，倒入茶汤，用茶筅来回击拂使其充分融合。

置茶末

注入茶汤

击拂

步骤三，在雪克壶中加入 60 毫升牛奶、25 毫升果糖、茶汤、6 块冰块，摇至冰块完全融化后；倒入饮杯。

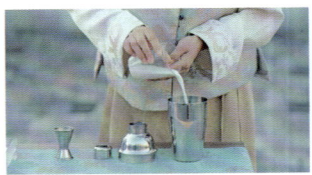

加牛奶　　　　　　　加果糖　　　　　　　加茶汤

加冰块　　　　　　　摇和　　　　　　　　倒出

步骤四，在法压壶中加入150克淡奶油，60毫升全脂牛奶打出浓稠适宜的奶盖。

加淡奶油　　　　　　　　　　　　　打奶盖

步骤五，将奶盖倒于茶汤上，撒上抹茶粉装饰。

倒上奶盖　　　　　　　　　　　　装饰

第十一章　茶饮的创新设计

二、鲜橙柠檬红茶

用滋味鲜醇甜爽，带花蜜香的天姥红茶做基底，搭配柑橘类水果，颜色艳丽，口感酸甜可口，维生素满满。

（一）配料

天姥红茶3克、橙子半个、鲜柠檬3片、果糖10毫升、冰块适量，二橙片、迷迭香叶装饰。

鲜橙柠檬红茶

（二）器具

盖碗、公道杯、茶荷、配料碟、雪克壶等。

器具及配料准备

（三）步骤

步骤一，按照1：50茶水比，取天姥红茶3克注入150毫升沸水，浸泡3分钟沥出茶汤，冷却待用。

置茶　　　　　　冲泡　　　　　　出汤

步骤二，新鲜橙子取果肉半个，柠檬片3片，放入雪克壶中，捣汁。

加橙子

加柠檬
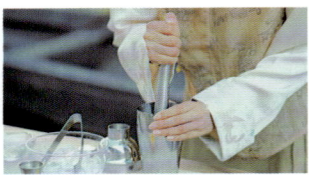
捣汁

步骤三，在雪克壶中加入果糖、茶汤、冰块，摇匀。

加果糖

加茶汤

加冰块

步骤四，将雪克壶中的饮品倒入装有冰块的饮杯。

倒出

步骤五，放上干橙片，装饰叶装饰即可。

装饰

第十一章 茶饮的创新设计

三、荔枝云雾茶

晶莹剔透的荔枝果肉，鲜醇甘爽的天姥云雾，二者调和，清爽鲜美，最宜夏季饮用。

（一）配料

天姥云雾3克、新鲜荔枝8～10颗、果糖10～15毫升、冰块适量。

（二）器具

盖碗、公道杯、茶荷、配料碟、雪克壶等。

荔枝云雾茶

器具及配料准备

（三）步骤

步骤一，按照1∶50茶水比，取天姥云雾3克注入150毫升沸水，浸泡3分钟沥出茶汤，冷却待用。

置茶

冲泡

出汤

步骤二,新鲜荔枝取果肉,放入雪克壶中,加入冰块捣汁。

加荔枝

捣汁

步骤三,在雪克壶中依次加入果糖、茶汤、冰块,摇匀。

加果糖

加茶汤

加冰块

摇和

步骤四,在饮杯底部加入荔枝果肉、冰块,再将雪克壶中的饮品倒入饮杯。